我们一起解决问题

治愈隐性虐待

从心理虐待中康复的六阶段之旅

［美］香农·托马斯（Shannon Thomas）◎著

高宜◎译

HEALING FROM HIDDEN ABUSE

A JOURNEY THROUGH THE STAGES OF
RECOVERY FROM PSYCHOLOGICAL ABUSE

人民邮电出版社

北　京

图书在版编目（CIP）数据

治愈隐性虐待：从心理虐待中康复的六阶段之旅 / （美）香农·托马斯（Shannon Thomas）著；高宜译. -- 北京：人民邮电出版社，2020.6
（治愈系心理学）
ISBN 978-7-115-53826-0

Ⅰ．①治… Ⅱ．①香… ②高… Ⅲ．①伤害－关系－心理－研究 Ⅳ．①B845.67

中国版本图书馆CIP数据核字（2020）第062681号

内 容 提 要

心理虐待也被称作"隐性虐待"，因为伤痕、残缺和坑洞都隐藏在受害者的内心，并且操纵着他们的生活。施虐者的虐待行为伪装得如此之好，以至于受害者受到的危害常常被忽视。更重要的是，遭受过心理虐待的人很难清楚地描述自己受到的伤害，治愈和康复更是无从谈起。

香农·托马斯曾专门与心理虐待的受害者一起工作，她发现，不管心理虐待发生在哪种环境中，其康复过程都极其相似，这是因为心理虐待的施虐者有着共同的性格特质，即他们享受在虐待他人的过程中所获得的掌控感，并且他们很清楚自己的所作所为。经过多年的研究和咨询实践，香农·托马斯得出从心理虐待中康复需要经过六个阶段，即绝望、学习、清醒、界限、恢复和维持。

你所遭遇的心理虐待可能发生在原生家庭中、恋爱关系中、朋友之间、工作场合等。不管心理虐待发生在哪里，康复所需的六个阶段理论都适用，跟随本书一起踏上康复之旅吧。

◆ 著 ［美］香农·托马斯（Shannon Thomas）
　　 译 高 宜
　　责任编辑 黄海娜
　　责任印制 彭志环

◆人民邮电出版社出版发行　　北京市丰台区成寿寺路 11 号
　邮编 100164　 电子邮件 315@ptpress.com.cn
　网址 https://www.ptpress.com.cn
涿州市殷润文化传播有限公司印刷

◆ 开本：720×960　1/16
　印张：15.5　　　　　　　　　　2020 年 6 月第 1 版
　字数：180 千字　　　　　　　2025 年 10 月河北第 23 次印刷
　著作权合同登记号　图字：01-2019-3822 号

定 价：69.00 元
读者服务热线：（010）81055656　印装质量热线：（010）81055316
反盗版热线：（010）81055315

/ 本书获得的赞誉 /

富有同情心的和充分的研究，这应该成为所有心理受虐康复者的必读图书。热情的、对话似的写作风格与作者的专业经验相结合，造就了对康复者来说堪称完美的资源。

——杰克森·麦肯锡（Jackson Mackenzie）

《如何不喜欢一个人》（*Psychopath Free*）作者

本书描述了一些丑陋的、隐藏的、难以言说的事情，即心理虐待。一个人是如何攫取如此大的权力摧毁另一个人的价值感、安全感及理智的呢？香农会告诉你真相。但更重要的是，她会给你一份"地图"，引领你找到正确的道路，打破桎梏，重获自由，治愈创伤并重建你已然破碎的生活。

——莱斯利·韦尔尼克（Leslie Vernick）

咨询师，教练，演说家

《情感破坏性婚姻》（*The Emotionally Destructive Marriage*）和

《情感破坏性关系》（*The Emotionally Destructive Relationship*）作者

在为经历过情绪和心理创伤的人们所著的这本开创性的新书中，香农·托马斯把研究、经验和直觉性的理解有机结合起来。在这本书中，你不仅能发现香农作为一名治疗师所具备的专业知识，还能发现她对于一些重要问题的深刻理解，而这些问题正是做好面对创伤并从中疗愈的工作所必需的……我强烈推荐这本能拯救生命的书给经历过心理虐待的人。

——沙希达·阿拉比（Shahida Arabi）

《成为自恋者的噩梦》（*Becoming the Narcissists Nightmare*）作者

Self-Care Haven 创始人

在这本书中，香农·托马斯为我们提供了充满智慧和希望的话语，她为我们揭示了一个不可逃避的话题——心理虐待。显然，她对治愈心理虐待所需步骤的解释非常准确。你会发现，不仅这本书的正文部分对人们大有裨益，而且在书的结尾还提供了详细的康复日志。对治疗师和来访者来说，康复日志是很有价值的工具。

——莱斯·卡特博士（Dr. Les Carter）

《你说得够多了，让我们谈谈我吧》（*Enough About You, Let's Talk about Me*）作者

献给

性感的托马斯和娃娃脸托马斯

我生命中的挚爱

精神世界的施暴者及其虐待行为

说起虐待，大家可能首先想到的是身体上的虐待，而忽视了另一种虐待——心理虐待。在心理学中，心理虐待是指施虐一方使用长期的精神暴力、言语暴力、情绪暴力，通过羞辱、无视、孤立、冷战、贬低、咒骂、威胁、污蔑、中伤等方式，对受虐一方的精神和心灵造成严重伤害的一种行为。

心理虐待可以存在于情侣、亲人、朋友、同事、上下级等各种人际关系中。它可以是情侣、家人之间的找茬、冷战，可以是朋友之间的贬低、羞辱，可以是职场中的孤立、中伤。

不要小瞧心理虐待的伤害，虽然它不像拳打脚踢那样会留下身体上的伤疤，但可以令一个人的精神世界伤痕累累。它对一个人的精神摧残往往是毁灭性的，它可以让一个原本身心健康的人厌恶自己、厌弃世界乃至对人生绝望——却还不自知。它会让你的情绪全面崩溃，让外人看起来并觉得你才是疯癫的那一个。

心理虐待的施虐方并不是一开始就如此明显地施暴，他们往往先披着"为你好"的外衣，等受害者对其产生了好感、信任或依赖的心理时，再通过上述行为逐步"驯化"受害者，不断践踏受害者的自尊心，摧残受害者的意志，让他们产生一种"我是不是真的做错了"的感觉。长此以往，受害者在这样的"反思"之下，往往会自轻自贱、自觉低人一等。

长期遭受心理虐待的受害者，容易出现情绪障碍和性格方面的负面改变。例如，严重抑郁、焦虑、挫败、低自尊、自我贬低、习得性无助，认为自己有罪、活该，严重低估自己的价值，甚至厌世、轻生。

其他几点情绪障碍也许比较容易理解，但"习得性无助"是大众不能理解的。所以，经常会有人质问受害者："既然你这么痛苦，为何你不反抗、不逃离？"

"习得性无助"是美国心理学家塞利格曼提出来的，他的经典实验是把狗关在笼子里，只要蜂鸣器一响就给予狗电击，狗在笼子里逃不出去只能接受电击。如此反复多次之后，塞利格曼再次把笼门打开，并且再次拉响蜂鸣器，此时狗不是夺门而逃，而是倒地等待被电击。

同样，习得性无助的心理障碍在人类世界中也存在。在长期的（肉体的或精神的）暴力对待下，受虐者会"习得"一种"反抗也是徒劳的、甚至会招来更多痛苦"的"无助"心态，所以干脆就不反抗了，任由对方作践。

那么，什么样的人容易成为心理虐待的施暴者呢？研究发现，这些人往往外表体面，但内心却具有各种人格障碍或性格缺陷，比如下面几类人。

自恋型人格障碍者。他们容易过高地评价自己的才智、品德、外貌、成就、理想。但同时，他们又具有敏感脆弱、低自尊、缺乏共情能力等特征。他们渴求别人持续的关注和赞美，因此，一旦别人比他优秀或批评他，他便会感到被羞辱和伤害。因此，这种人很喜欢通过贬低他人来抬高自己。

偏执型人格障碍者。他们往往极度敏感，嫉妒心极强，对别人的优秀会感到焦虑紧张；非常记仇，对于别人的批评必须给予更强烈的反击；固执，难以被说服；双重标准，对自己很宽容，但对别人要求很高；自以为是，喜欢指责别人，自己永远是对的；多疑，会将别人的无心之举理解为敌意等。

控制欲极强的人。他们需要掌握亲密关系中的一切信息，非常善于发现对方的缺点，通过道德谴责来降低对方的自尊，让对方臣服于他们的权威，通过限制社交、经济控制让对方与世隔绝，只能以他为生活中心。

具有辩论倾向的人。他们非常擅长质疑别人，擅长从每一句话中寻找瑕疵来挑刺，但他们抬杠的最终目的并非为了解决问题或达成共识，而仅仅是为了头脑和口舌的交锋，以及享受赢得争吵带来的快感。

这几种人往往拥有一些共同的性格特征，如情绪极端、易激惹、控制能力差、缺乏共情能力、高度自我中心、极端利己主义、难以建立健康的亲密关系等。

如果你发现给自己带来困扰的人具有上述特征，就要引起警觉，然后觉察到"我现在的这些困扰，或许并不是因为我不够好"。只有意识到这一点，你才能认识到自己正在成为心理虐待的受害者。

另外，有些人会误以为心理虐待就是辱骂诋毁、人身攻击之类的，而这些只是心理虐待中的"言语暴力"。其实，"精神暴力"（包括洗脑、纠缠、贬低、污蔑、控制等行为），"情绪暴力"（包括无视、孤立、摆脸色、拒绝沟通等冷暴力，以及威胁、恐吓、砸坏物品等激进行为的热暴力），都属于心理虐待的范畴。

下面几种是不太容易被察觉的心理虐待。

限制社交。贬低你的朋友，干涉你和朋友的交往；怀疑你的生活作风，对你进行严密监控、道德指责；不仅限制你与异性的交往，还限制你和同性朋友的交往；甚至他连你和家人的来往都要限制，让你和家人断绝关系等。

经济控制。如果对方经济状况好，可能会要求你放弃工作，甚至会阻挠你的职业发展，要你脱离社会；如果对方经济状况不如你，则可能要求你把赚到的钱都交给他"保管"（此刻往往会伴随着对你能力的贬低，以此来佐证你无法管理好财务，必须把钱交给他）。

限制行动自由。你去过哪里、将要去哪里、去干什么、和谁去、去多长时间，都要向他报告；行动的所有细节都要向他反复澄清、核实、比对，以证明你没有脱离他的掌控；时刻查手机、查通话记录，甚至没收手机、电脑、扔掉衣服，不让你出门等。

如果遇到了上述情况，即便对方并没有动手打人，那他仍然是一个不折不扣的施虐者。和这种人一起生活会令人身心俱疲，因为他无时无刻不在消耗你的生命力。

有些人可能会感到纳闷，一个人有没有遭受暴力对待，难道自己不知道吗？还要对照上面这些理论知识验证一下才知道？这是大众容易误解心理虐待的另一个方面，这些误解会导致受害者的自我觉察变得更加困难，他们察觉不到是自己遭受了暴力，反而更加自我怀疑。所谓当局者迷，旁观者清，有时受害者可能会被表象迷惑，甚至没有意识到自己正处于暴力的漩涡中。

　　所以，如果你发现自己正处于这样的关系中，或者你身边有人正处于这样的关系中，你需要意识到这是一种暴力，即使对方并没有抽你、打你，但这仍然是一种虐待行为。更具体地说，如果你发现你的朋友、伴侣或上司有上述特征，或是导致你出现了自我怀疑、自我厌弃、心累、无助、焦虑、习得性无助，甚至抑郁、轻生的症状，请一定及时向身边人或专业人士求助。

　　认识到自己正在遭受暴力对待，是走出阴影的第一步。一个人要想修复被破坏和受过伤害的精神世界，除了乐观、积极之外，还需要一个整体的治疗体系来帮助自己有步骤、有方法地走出阴霾。希望《治愈隐性虐待》这本书提及的从心理虐待中康复的六个阶段，能够给有需要的人提供更多指引和帮助。

张昕
于北京大学

　　在这个世界上，"有毒的人"随处可见，他们可能藏身于家庭中、情侣之间、公司里。心理虐待（Psychological Abuse）的阴险和隐秘本质使其总是像蛇一样溜走，只留下清醒的人们收拾残局，而后者的情感、自尊及生活各方面的功能都已支离破碎。你可能会感觉到自己正被生活中某个人的隐秘行为压垮。如果是这样，那你就来对地方了。经历过心理虐待的人往往很难清楚地描述自己受到的伤害。你可能会发现，你正处在一段感觉自己像一个悠悠球一样的恋爱关系中：靠近、远离，周而复始。施虐者也可能是你的家人或姻亲，他们把你当作替罪羊或家里的出气筒。你可能正在经历悲伤，也可能正在为失去一段原以为会得到的感情而难过。施虐者可能是你的老板或同事，他们似乎以折磨你为乐。无论在哪种场合或处于何种关系，总之你完全放下了警惕，最后却发现自己被他人从背后捅了一刀。他们也许还会让你为自己辩护感到内疚。

　　遭受过心理虐待的人知道事情并不寻常。你能感觉到它，有时甚至能短暂地察觉到它对你的日常功能造成了损害。但通常情况下，它就像一条蛇一样，在你看清楚之前它就飞快地溜走了。你可能曾试着向人们描述它给你造成的确切伤害。我敢打赌，结果常常是你所说的话显得你格外狭隘、小气，甚至偏执。如果没有一组特定的术语描述施虐者的施虐行为，受害者就会感到很沮丧、很受挫，因为他们无法让其他人看到他们正在经历的虐待"游戏"。这是因为一般人并不知道心理虐待是什么。除非你受过专业的训练来解释这种状况，否则那些恶人的方法就会奏效。他们希望虐待行为一直都是隐秘的，他们刻意将自己的行为隐藏在公众的视线之外。当人们试图指控他们时，这种指控往往会一败涂地。在实施完隐性虐待而离场时，施虐者看起来"清清白白"，而受害者的状态则显得极不稳定。我相信你也会觉得这些情况令人愤怒。心理虐待可能是这个时代最隐蔽的不公正现象，因为它甚至使受害者本人都无法相信自己。他们的生活仿佛被一双巨大的手猛烈地摇晃着，就像滚雪球一样，一切都在混乱中打转。

为什么心理虐待也被称作"隐性虐待"（Hidden Abuse）？在心理虐待中，施虐者的虐待行为是指一个人或一群人对某个目标长期而重复性地施加伤害。这些行为被伪装得很好，以至于其危害常常被忽视。就像有人在一杯水里投了无色无味的毒药，喝下这杯水的人无法看到自己所受到的伤害，直到长期摄入毒素导致身体出现不良反应时才会发现。这正是施虐者们计划实施心理虐待的方式。秘密、隐性、偷偷摸摸和不被发现都是他们计划的一部分。随着他们与受害者的关系进一步发展，"游戏"也在持续进行。最终，他们的行为变得更加公开，有时甚至引人注目。当受害者的日常功能受损且其外在表现致使施虐者的行为暴露时，受害者常常已经被彻底摧毁。受害者被成功地操纵了，他们怀疑自己才是问题所在，甚至在某段关系中，自己才是真正有害的那个人。

当心理虐待的受害者开始接受心理咨询或心理治疗（以下统称"心理咨询"）时，许多人决定深入地探寻自己的内心来进行自我修复。他们坚信，如果自己变得更强大，就不会再受到这样恶劣的对待。大多数愿意接受心理咨询的人都具有一定的反思能力，他们能够从事艰苦的工作、应对自己的消极行为。心理虐待的施虐者总是指望他人改变，因为他们自己从来不会改变。接下来，在我们一起度过的这段时光里，我会给出这种观点的依据。现在，我只希望你知道，几乎所有遭遇过心理虐待的受害者都会在某种程度上责怪自己。人们自责的原因是，他们相信如果自己真的没有做错什么，家人、爱人或同事绝不会那样残忍地对待他们。在心理虐待的环境中，受害者所经历的自我厌恶的程度可能是毁灭性的。要想揭穿施虐者编造的大量谎言，弄清事实真相是其中必不可少的部分。作为一名治疗师或咨询师（以下统称"治疗师"），我有幸受到人们的欢迎并进入他们的生活，与许多人一起走完他们的康复之旅，对我来说这是一种荣耀。当你和我一起在这些故事中畅游时，我将与你分享一些主题和在康复社区中常见的一些概念，以及我作为联合研究员完成的一个心理虐待研究项目中的某些信息。出于对那些把他们的生活细节托付给我的人的尊重，我不会分享真实的人物故事。即使隐去了可辨识的信息，把他们的经历作为例子也多有不妥。所以我用高度虚构的故事展示心理虐待的模式。看到你正在经历的事与其他人经历过的事之间的联系非常重要，这有助你发现属于自己的疗愈方式。你不是唯一一个目睹过那些最离奇的人类行为的人。我希望你知道这一点，这非常重要。

> 你不是唯一一个目睹过最离奇的人类行为的人。
> 我希望你知道这一点，这非常重要。

很多人想知道心理虐待和情感虐待（Emotional Abuse）有何不同，它们是一回事吗？对我来说，它们是两种完全不同的虐待形式。我相信，一个人可以在情感上虐待他人的同时仍然能对他人产生共情。例如，与成瘾做斗争的人为了满足自己的欲望可能会伤害他人，但他们的核心人格中包含关心他人的成分，只是被毒品和酒精控制下的混乱生活所掩盖。他们在自己处于致命状态时才会伤害他人，可一旦他们的成瘾行为完全康复，他们中的大多数人都会对自己给他人造成的伤害感到内疚，并给予真正的弥补。相反，心理虐待的施虐者伤害他人不是由于其自身判断能力受损，而是他们享受在虐待他人的过程中所获得的掌控感。对此你是不是感到很震惊？人们常常很难理解世界上怎么会存在如此丑恶的人性，我确信你也是如此。你很可能已经知道了，心理虐待的施虐者在和受害者"玩游戏"，并且他们清楚地知道自己的所作所为。有些人甚至承认自己会从"游戏"中获得乐趣，为了取乐，他们把他人当作木偶来操纵，扰乱他人的生活。另外一些施虐者虽然没有公开透露，但他们的快乐也是从对他人的任意取笑和可恶的攻讦中获得的。

如果你拿起了这本书，可能是封面或书名吸引了你，或者你对了解更多关于心理虐待康复的过程感兴趣，也可能以上原因皆有。也许还有其他原因使你需要知道从心理虐待中康复的知识。事实上，恶人无处不在。很多人的生活被施虐者搅乱。在梳理伤痛，尤其是心理虐待留下的创伤时，用于帮助受害者康复的可利用的资源很少。大多数人不知道，隐性虐待正发生在他们眼皮子底下，而且是由从来不会被怀疑为施虐者的人所犯下的。这种伤害的隐蔽性使受害者被彻底摧毁。有些受害者比其他受害者更能忍受痛苦，但所有的受害者都在以某种方式默默地忍受着痛苦。

> 大多数人不知道，隐性虐待正发生在他们眼皮子底下，而且是由从来不会被怀疑为施虐者的人所犯下的。这种伤害的隐蔽性使受害者被彻底摧毁。

大多数遭受过心理虐待的人都不相信自己能真正走过康复的第一阶

段——绝望。康复的早期阶段是孤独的，在这一阶段，他们就像行尸走肉一般。他们形容在那段时间里自己的欢乐和能量好像完全被吸干了。你能理解那种感受吗？神清气爽、头脑清醒的日子早已一去不复返。或者对于从童年时期就开始遭受心理虐待的人来说，这样的日子根本就不曾存在。美好的感觉被焦虑，也许还有持续不断的抑郁取代。听起来并不好玩，是吗？是的。如果你发现自己正处在这种令人绝望的状态中，我真心希望你能坚持继续读下去。即使遭受了心理虐待，生活还要继续，尽管在今天看来可能并不是这样。如果可以，我想请你相信我。我知道，如果你曾遭受过心理虐待，信任可能早就不在你的"情感工具箱"中了。对此我完全理解。尽管如此，请你坚持下去。让我们一起看一看，在康复之旅结束时，你的感受会不会有所改变。

当我坐下来写这本书时，我知道有关这一主题我可以写的内容有很多。我意识到，对于寻求从隐性虐待中康复的人来说，尽可能快速地知道事实的真相很关键。如果你拿起这本书是想要知道在你生命中的某段关系中究竟发生了什么，那么我想说：欢迎你，朋友。现在是最好的时机，请做一个深呼吸，尽可能地让自己放松，如果你流下了眼泪，那也没有关系。在这里，眼泪不会吓到我们。不管你是男性还是女性，哭泣都是被允许的。如果你像我一样并不想哭，那也没有问题。这里是你能够保持真我的地方。如果你发现自己正处于情绪风暴的漩涡中，那么找一个安静的地方疗伤就显得至关重要。我希望在你康复的过程中这本书能够以某种方式帮到你。

也许你会觉得自己也有错，在导致自己的日常功能受损的过程中也扮演了某种角色。没有关系，我们将在康复的第六阶段——维持诚实地看待这件事。你可能会说，在一段关系中，任何责任都是双方的。但是，这种观点并不一定正确，尤其当这段关系中的某一个人在蓄意为恶的时候，这种观点则更有可能是错误的。对于你们在这段关系中各自扮演了怎样的角色，我们需要一步步地了解和梳理。作为一名治疗师，我的每一位来访者几乎都听我说过这样一句话："小心你的脚趾，我要踩到它们了。"这是因为心理咨询要做的并不仅仅是了解那些恶人及他们做过的完全不可接受的一切。当然，我们确实花了很多时间对心理虐待的施虐者控制他人生活的傲慢态度予以批判。从某种程度上讲，这是治疗工作中不可或缺的一部分。在康复的过程中，我们确实需要谈论一些糟糕的事情，因此"踩脚趾"是必不可少的。但是，当治疗师在开展所有与此类似的工作时，都必须以温和的态度及对受害者最大程度的尊重为前提，这是我在这本书中对你的承诺。

任何一本书或工作手册都不能把每个人所经历的每件事都记录下来。但是，它们可以帮助我们理解因为接触过或正在接触"有毒的人"而导致的混乱生活。我的目的是向你们展示，那些向我咨询的来访者所经历的事情，但这并不意味着我要与每位读者都建立咨询关系。如果你觉得与一名治疗师一起工作是有益的，那我建议你在当地接受心理咨询。你也可以找一个专门从事这种治疗的生活教练。我知道找到一个能理解心理虐待现象的人很难。

在我的咨询实践中，我曾专门与心理虐待的受害者一起工作。经过多年的研究，我确定，如果心理虐待的受害者想从虐待性创伤经历中康复，必须经过六个阶段。你所遭遇的虐待可能发生在原生家庭中、恋爱关系中、朋友之间或工作场合。不管虐待发生在哪里，从隐性虐待中康复所需的六阶段理论都是适用的。

> 不管虐待发生在哪里，从隐性虐待中康复所需的
> 六阶段理论都是适用的。

我发现，不管隐性虐待发生在哪种环境中，其康复过程都极其相似。这是因为心理虐待的施虐者有着共同的性格特质。在心理虐待康复社区，大家开玩笑说，就好像有一本心理虐待指导手册在外面流传一样。大家这样说是因为，许多极其相似的虐待行为跨越了种族、年龄、性别、性取向、地域及语言的差异而存在。第二阶段——学习是专门为了帮助你识别心理虐待中那些最常见的虐待行为而写的。当一个刚踏上康复之旅的人意识到自己并没有"疯"时，他或她获得的力量是巨大的。心理虐待就像一个不断变化的迷宫，一旦人们发现其中的规律，施虐者就会突然改变策略，然后受害者又一次迷失在寻找真相的过程中。然而，一旦

受害者学习了有关心理虐待的必要知识，战胜它的信心就会增加。这是一件好事，因为我们无法从我们不能或不愿意承认的伤害中痊愈。

我写这本书时的另一个假设是，有些人已经在康复之路上跋涉了很久，有些人甚至在此过程中获得了一些有关心理虐待的知识，但他们还需要更多的帮助。因为当他们想在康复之路上坚持下去时，却发现自己就像被扔进波涛汹涌的大海里一样，他们找不到海面，迷失了方向。在混乱中，许多人可能会游向海底，而非浮上海面。他们过于紧绷，而这是非常可怕的。我希望通过开展六个阶段的康复工作，帮助一些人浮出海面，唤醒新生。

让受害者认识到自己曾经处在一段虐待关系中需要一个过程。心理虐待不会留下外在的伤痕。受害者没有骨折，家里的墙上也没有砸破的洞。伤痕、残缺和坑洞都隐藏在受害者的内心，操纵着他们的生活。这正是施虐者所期望的。保持自己的双手"干干净净"并能展现出一个良好的公众形象是施虐者的特征。充分了解施虐者的施虐行为是如何运作的，可以帮助受害者找到喘息的空间。学习有关心理虐待的知识能够使受害者结束这种胡乱打转的状态，你可能会觉得这听起来还不错。其中关于施虐者的内容可以帮你识别那些潜在的恶人，以及他们所挥舞的"旗帜"。有些"旗帜"非常不显眼，而一旦你经历了疗愈的过程，就能够自己发现它们。不用担心，你不太可能再受到另一个施虐者的伤害。没有人愿意一遍又一遍地重复和不同的施虐者建立亲密关系进而陷入恶性循环中。在康复的过程中，这种恶性循环能够而且必须停止。

> 充分了解施虐者的施虐行为是如何运作的，可以帮助受害者找到喘息的空间。

我从来没有听说过有人公开质疑自己是怎样陷入一段混乱的关系的。当人们能够意识到自己是施虐者的"特定目标"时，顿悟的时刻就到来了。是的，你被施虐者发现并"选中"了，我得出这个结论的原因有很多，稍后我们将详细讨论。当心理虐待的施虐者开始欺骗人们时，他们很清楚自己在做什么。事实上，他们比任何人更清楚自己的谎言和耍的把戏，以及自己从掌控他人中获得的乐趣。你可能不同意我的观点，你可能怀疑施虐者只是不良生活环境的受害者。但随着我们共渡这段旅程，我希望你能改变对施虐者的这一看法，即他们缺乏有关心理虐待的知识。因为我坚信，在受害者从内心深处意识到"有毒的人"是自己选择成为施虐者之前，会继续对他们抱有不切实际的期待。受害者会陷入心理陷阱，这对康复没有任何好处。我们不应为那些故意伤害我们的人难过，否则我们将无法从他们所施加的沉重锁链中逃脱。怜悯让位于借口，而借口会软化任何人的心，这就是人类生活的一部分。同情是一把双刃剑，而那些成为施虐者的攻击目标的人往往富有同情心，也很敏感。在康复社区中，这些人被称作"善解人意者"。善解人意者和施虐者之间的"舞蹈"在本质上是施虐者对受害者的一种心理控制。这就是在康复的过程中学习有关心理虐待的知识如此重要且是必不可少的步骤的原因。来自善良的人们的温柔会被施虐者一次又一次地利用并反过来对付他们。

> 我们不应为那些故意伤害我们的人难过,否则我们将无法从他们所施加的沉重锁链中逃脱。

在这本书中,我们会讲述很多内容。我希望你不要过快地浏览完这本书。我喜欢慢慢地读书,边读边思考自己所读的那些文字。我常常会拿一支笔坐下来,把那些闪现在我眼前的关键词语和句子画下来。这样,以后当重温这本书时,我就能快速地回忆起那些有意义的内容。我建议你也这样做。如果你已经读完了这本书,可以考虑再读一遍,花点时间好好反思一下。在本书的结尾部分有一个"康复日志",它可以帮助你记录个性化的体验和感受。日志中的问题是为你或你在一个康复小组中使用而设计的。

如何更好地吸收本书中的内容取决于你自己。我希望你能和本书中所提到的概念进行互动。这是什么意思呢?就是我希望在阅读本书时,你能把突然闪现在脑海中的想法写下来:当你遇到并不适用于你的情况时,请反驳我;当你读到能引发共鸣的内容时,请大声喊出"噢,没错"。在阅读的过程中,这样做能起到积极的作用。不要只是被动地吸收本书中的词汇或内容。作为一个曾遭遇心理虐待的人，你的被动性是导致不良关系持续的原因之一。如果你想康复，就必须生活在一种积极的精神状态中，即一种与总是被打击而垂头丧气完全相反的精神状态。你的康复就是勇敢地站起来，看着别人的眼睛并平静地说："我有我自己的观点，就算你不同意也没关系。"就以这种强大的姿态阅读这本书吧。我希望你能找到自己内心的力量。一个坚强的人会向施虐者发出挑战，而这正是我的目的。我希望读过这本书的人都敢于向那些潜在的施虐者说"不"。

> 如果你想康复，就必须生活在一种积极的精神状态中，即一种与总是被打击而垂头丧气完全相反的精神状态。

正如我之前所说，我的愿望是尽可能地突出来访者走进我的治疗室后所经历的康复过程。我将和你一起一步一步地了解如何与一个新的来访者合作。作为一名专门治疗心理虐待的治疗师，我和很多人一起经历了他们的整个治疗过程，这个过程必须让人们从伤痛中痊愈并继续前进。你可能甚至不知道自己曾经是不良关系的一部分。我希望这本书能成为你的参考资料。即使读完这本书后，你发现自己现在或过去都未曾陷入心理虐待的关系中，你也没有浪费时间，因为你已经清楚地知道有心理虐待经历的人是什么样的。这些知识也可以帮助你继续前进，你爱的某个人可能陷入不良的关系中，他们需要你分享这方面的知识。越多的人知道心理虐待的特点越好。施虐者期望自己的行为永远不会受到谴责，他们认为周围的人都很愚蠢，他们经常公开地对此表示幸灾乐祸。针对大众缺乏对心理虐待的普遍性认识这一状况，社会应该负很大的责任。心理虐待躲藏在阴影里的时间越长，受害者的生活越容易被沉默地、缓慢地摧毁。

■ 目 录

当我们开始康复之旅时，我想强调的是，接下来我将把心理虐待的受害者称为"幸存者"。把自己当作幸存者可能会显得有点奇怪。你可能会想："我哪里像幸存者？我的每一天都在煎熬中度过。"我想说的是，如果你对这个词感觉不舒服，暂时忽略它，继续往下读。最后你会发现，你可以更好地定义这个词的真正含义。

作为心理虐待的幸存者，你必须了解有关施虐者的一些必要信息。例如，谁是心理虐待的施虐者，什么样的人会成为心理虐待的施虐者，施虐者在哪里实施心理虐待行为，心理虐待的施虐者何时、怎样及为什么伤害他人。然后你就会知道，不是因为你不够好，而是坏人太坏。

大众的刻板印象是，对于任何形式的虐待，其受害者都是需要帮助的、缺乏独立性的个体，一旦没有施虐者的不断给予，他们就无法正常生活。但是，这完全是错误的。大多数幸存者都能批判性地审视自己的行为和动机，他们愿意修复自己的性格缺陷。然而，这种人格优势正是心理虐待的施虐者虐待你的工具。

当幸存者第一次接受有关心理虐待的康复咨询时，很多人甚至不知道自己曾遭受过虐待。他们知道自己的生活失控了，所以他们想寻求答案。有些人还不了解施虐者对他们所做的一切。在咨询刚开始时，幸存者（往往）处于情感混乱、焦虑、抑郁或想要自杀的状态，有时甚至上述情况皆有。

第五章　第二阶段——学习　// 65

心理虐待确实十分隐蔽，所以也常常被误解。然而，这恰恰是施虐者所使用的策略的一部分，他们利用这一点维持虐待的隐蔽性并确保自己的控制力。如果受害者无法向他人描述自己所受到的伤害，康复也就无从谈起。所以，幸存者需要学习和了解心理虐待的施虐者惯用的伎俩。

第六章　第三阶段——清醒　// 90

幸存者确认他们的绝望是由于遭受心理虐待，并且学习了施虐者伤害他们的特定方式，清醒的时刻就会到来。这是整个康复阶段的重点，其中有许多"啊哈"的顿悟时刻出现。幸存者已经可以描述他们经历了什么，学会了新的术语，并且不再感觉自己被困在虐待关系中。

第七章　第四阶段——界限　// 97

当幸存者已经清醒且有了康复的可能，就可以开始与施虐者设立界限。这一阶段的重点是，幸存者能够与施虐者拉开足够的情感距离，斩断病态的联结，排除"毒素"，并开始期待自己的康复和新生。设立界限是由幸存者推动的，并且必须要幸存者遵守才能完成。

第八章　第五阶段——恢复　// 119

幸存者进入恢复阶段的第一个迹象是，他们希望把空闲时间花在与心理虐待康复无关的活动上。他们可以开始找回在遭受心理虐待时被偷走的重要生活事件、稳定的经济状况、健康的身体和心灵，以及其他重要的东西。这是一个令人鼓舞的阶段，幸存者开始切实地看到自己的康复之旅的成果。

这是康复的最后一个阶段，但这是否意味着你将永远不会再与创伤后应激障碍的症状做斗争，永远不会再想起施虐者，永远唱着欢快的歌跑过山顶？当然不是。你已经到达了足够高的地方，所以请放缓脚步，欣赏一下周围的风景。这是心理虐待康复之旅的关键，请你让自己全身心地投入，过"干净"的生活。

/ 研究心理虐待的模式 /

下面我简单介绍一下这本书的写作背景。2016 年 1 月，我有幸成为"研究心理虐待的模式项目"（Examining Patterns of Psychological Abuse）的联合研究员。我一直很感谢得克萨斯基督教大学的阿沙·约翰（Aesha John）博士，他是该项目的首席研究员，同时感谢该大学社会工作部门的领导给予我们的支持和鼓励。在这本书中，我将分享该项目中一些与我们当下正在讨论的话题相关的研究成果。我很高兴我们完成了这个研究项目，并且将得到的数据和结果进行整合，形成了从心理虐待中康复的六阶段理论，这是我写作本书的基石。如果你对这个研究项目不感兴趣，可以跳过这一部分的内容，直接进入下一章。也许之后你还会回到这一部分，然后发现一些有趣的事。相反，如果研究数据激发了你的兴趣，那就让我们一起来看一看吧。

在这个研究项目中，我们通过社交媒体招募被试，并且做了一个线上调查。被试匿名回答了包括以下涉及人口学信息方面的问题：

- 年龄；
- 性别；
- 种族；
- 你与施虐者是什么关系；
- 你是从什么时候陷入这段关系的；
- 现在你是否仍然与施虐者保持联系。

有 623 名被试参与了这项调查。在年龄上，38% 的被试为 41~50 岁，23% 的被试为 51~60 岁，20% 的被试为 33~40 岁，其余被试在以上年龄范围之外。

在性别上，96% 的被试是女性，4% 的被试是男性，没有跨性别者。就像你看到的那样，在这项研究中，绝大部分被试自我界定为女性。我相信，遭受过心理虐待的男性的数量比我们在这项研究中看到的要多得多。在我的咨询实践中，我也曾亲眼看见了这样的状况。从以往的情况来看，我接待的遭受心理虐待的来访者有一半是男性。我相信，进一步的研究将会帮助我们在这个话题上听到更多来自男性的声音。现在，我想对这些男性说，我们相信你们的经历与受虐女性的经历一样痛苦且具有毁灭性。通常，男性不愿意谈论关上门之后发生了什么。但请你相信，我们在康复社区的所有人都知道你们正在挣扎度日，我们会在这里带着对生命的尊重倾听你们的故事。

在种族方面，87% 的被试为白人（非西班牙裔），5% 的被试为西班牙裔，3% 的被试为非裔美国人。在这项研究中，就像性别所反映出来的问题一样，我知道这是这项研究固有的偏差，这与我们招募被试的方式有关。关于这一点，有必要通过进一步的研究获得更广泛的视角，以了解在我们的周围心理虐待到底有多严重。我从自己的亲身实践和对线上支持小组的观察中得出，心理虐待影响着各个国家和各个种族的人们。

关于虐待开始的时间，52% 的被试当前正处于与施虐者的亲密关系中，或者这种关系是在最近两年内开始的；22% 的被试与施虐者的亲密关系开始于 2~5 年前；14% 的被试在 15 年前就与施虐者处于亲密关系中。这描述了人们与施虐者的关系状态。

如果被试与施虐者现在仍然保持联系，最终，我将回到被试是怎样与施虐者产生关联的这一问题上，这些问题也需要进一步的研究。

在这项研究的叙述部分，我们要求人们用自己的话回答以下问题。

- 请举出具体的例子说明，在与施虐者确定亲密关系之前、之中及之后，你是怎样保持情绪上的健康和稳定的。（295 名被试回答了此问题）

- 请举出具体的例子说明，促使你与施虐者断绝往来的转折点是什么（"断绝往来"是指受害者从此不再与施虐者进行任何形式的联系）。（296 名被试回答了此问题）

- 请举出具体的例子说明你的支持系统，这个支持系统可以是非正式的（如朋友、其他心理虐待受害者），也可以是正式的（如心理咨询）。（597 名被试回答了此问题）

- "煤气灯操纵"（Gaslighting）是指施虐者试图篡改谈话或事件的真相，以使受害者怀疑自己的记忆能力。如果你经历过这样的事件，请举例说明你在何时遭遇了这样的事。（548 名被试回答了此问题）

- "飞猴"（Flying Monkey）是用来描述那些自愿或偶然地围绕在施虐者身边助纣为虐的人。如果你有过这样的遭遇，请举例说明。（483 名被试回答了此问题）

- "恶意宣传"（Smear Campaign）是指施虐者使用谎言、造谣来煽动其他人或团体与受害者对立。如果你有过这样的遭遇，请举例说明施虐者是怎样利用恶意宣传伤害你的。（527 名被试回答了此问题）

- "糖衣炮弹"（Love Bombing）是指施虐者使用精心策划的积极关注来操纵受害者的情绪及其对亲密关系的期待，这通常发生在一段亲密关系开始的阶段。如果你有过这样的遭遇，请举例说明施虐者是怎样利用糖衣炮弹的。（497 名被试回答了此问题）

- "吸尘"（Hoovering）是指施虐者试图通过吸引受害者与其恢复联系的方式使受害者重回亲密关系中。吸尘既可以是来自施虐者的积极态度，也可以是使受害者卷入舆论中的消极态度。如果你有过这样的遭遇，请举例说明施虐者是怎样利用吸尘的。（504 名被试回答了此问题）

- 如果施虐者曾利用精神操纵与你之间的亲密关系，请举例说明。（399 名被试回答了此问题）

如果你刚踏上康复之旅，那么约翰博士和我在这项研究项目中使用的一些术语对你来说可能比较陌生，但这完全不是问题。在第五章中，我会逐一讲解这些内容并加以扩展。我还将根据我所遇到的大量的案例编写一些虚构的故事。我希望与你分享关于这个研究项目的一些内容，这样你就能理解这本书产生的背景。我还希望与你分享我们在研究中得到的一些数据。我不会分享被试的具体陈述，而是继续关注新出现的问题。所有的调查都是在保护被试隐私的前提下完成的。我们从中听到的集体性的"声音"将会被强调，我坚持寻找心理虐待背后广泛且适用的模式。无论是在我的个人咨询实践中，还是在这个研究项目中，我都发现了一些共同的特征。如果不出意外，心理虐待的施虐者的施虐方式是始终如一的。

第一部分
有关心理虐待

Healing from Hidden Abuse

A Journey Through the Stages of Recovery from Psychological Abuse

/ 第一章 /

幸存者

当我们开始康复之旅时，我想强调的是，接下来我将把心理虐待的受害者称为"幸存者"。为什么我要这样做？因为它是心理虐待康复社区的志愿者所使用的共同语言的一部分，我使用"幸存者"一词的理由很充分。

《美国传统辞典》（*The American Heritage Dictionary*）对"幸存者"的定义是：

> 仍然存活；能承受痛苦和创伤并继续生活下去；坚持不懈，保持功能性，活得更久；生命力更强，坚持或保持自己的能力，应对挫折和倒退，继续坚持下去。

我喜欢这个定义。我真的很喜欢"继续下去""坚持不懈"及"保持功能性"这几个短语。我知道，此刻你的感觉可能不是很好。我想说的是如果你有机会阅读这本书，你可能会发现你比自己认为的做得更好。如果你每天都能正常生活，这已经是功能健全了。是的，你可能希望自己比现在更健康，希望回忆起被虐待之前的美好生活。也许你受到的虐待发生在童年，这导致你从小到大只知道感情受伤的感觉。即便如此，幸存者仍然相信自己能过上更高质量的生活。在内心深处的某个地方，他们一直这样期待着。

我用"幸存者"一词描述有些人所说的"受害者"。我希望你能欣然接纳"幸存者"这个词，因为它意味着赞美。把自己当作幸存者可能会显得有点奇怪。你可能会想："我哪里像幸存者？我的每一天都在煎熬中度过。"我想说的是，如果你对这个词感觉不舒服，暂时忽略它，继续往下读。最后你会发现，你可以更好地定义这个词的真正含义。对我来说，那些曾经与心理虐待的施虐者有过亲密关系的人并不仅仅是受害者，他们是学会了战胜隐性虐待的人。从另一个方面来说，康复后的他们变得更强大，而且通常会更自信。我并不是说幸存者应该感谢施虐者，或者把虐待经历看作一份礼物。有些人宣传类似的观点，但是我发现这种观点非常有害。我相信，这会给意志消沉的人在肆意发泄他们的情绪时添柴加火。在经历心理虐待后，任何个人的成长都是幸存者力量的证明。

> 在经历心理虐待后，任何个人的成长都是幸存者力量的证明。

最近，我在网上看到一个表情包，上面写着："我只想要一个灵魂伴侣，我不想要一个心理学学位。"这让我苦笑不已。因为一个人要想准确地理解心理虐待，就必须意识到人格障碍的存在。通常，这类障碍只在心理学研究生阶段的心理咨询和社会工作的课程中略有介绍。我向你们保证，在行业之外，理解人格障碍的虐待幸存者比真正"理解"它的心理治疗师要多得多。如果你是一个曾尝试过心理咨询的心理虐待幸存者（不管施虐者是否也在咨询室里），我敢打赌，你们中的很多人都有过不那么美好的咨询经历。一些心理咨询也被证明是虐待性的。如果你能充分理解我所说的意思，请允许我代表那些治疗师向你道歉。他们中的一些人并不知道自己在处理什么情况，甚至有些人自身就是施虐者。"有毒的人"可能存在于任何地方，甚至是心理健康领域。对于心理虐待的幸存者来说，心理咨询可以是一个非常棒的资源。请你继续在当地寻找了解心理虐待或愿意接受相关训练的人，他们会为你的治疗做好准备。在治疗心理虐待方面，关于治疗师需要什么样的知识储备，如何识别心理虐待迹象和治疗幸存者，心理咨询领域的标准必须统一。我向你们保证，许多倡导者正在尽己所能地推动必要的变革。

当我们开启这段康复之旅时，我想说，能陪伴你并成为你康复之旅的一部分是我的荣耀。毫无疑问，我热爱我即将进行的工作。当来访者来到我的办公室，从冰箱里拿出一瓶苏打水，坐在沙发上，开始着手把他们生活的各个部分重新拼凑起来时，我深感欣慰。人们向我讲述他们人生中最美好和最糟糕的时刻，他们的真诚及所展现的应对生活中所有磨难的决心深深地打动着我。我希望与你共享发生在这间办公室里的魔力、氛围和精神。我们将要讨论的内容可能恰好满足你在某些方面的需求，即使不适用于其他方面也没关系。一个著名的药物滥用康复项目有这样一句名言："要鼓励人们接受有效的药物，放弃那些无效的药物。"我建议你对看到的任何关于心理虐待的内容都采取这样的方法，包括这本书中的内容。并不是所有心理虐待的幸存者都是相似的，虐待发生的环境各有不同。一种有效的康复方法并不一定适用于每一个人，而你作为一个个体的自由正是施虐者想要窃取的。找到适合你的康复之道是唯一重要的事情。

接下来，我想简要讨论一下"有毒的人"是谁，他们做了什么，他们在哪里出现，他们什么时候出现，他们如何作恶以及为什么作恶。

对上述内容，我不会像后面的康复六阶段那样讲得那么深入，因为我宁愿把大部分篇幅花在你的治疗而非施虐者身上。他们已经从你身上夺走了足够多的东西，不值得在这次康复之旅中再得到额外的关注。我的目标是为你提供足够的信息，这样你就能理解为什么人们会选择继续忍受虐待，即使他们已经拥有足够的资源和证据寻求帮助。

/ 第二章 /

施虐者

谁是心理虐待的施虐者

在本书中，我会时不时地使用"有毒的人"这一术语。当我使用这一术语时，我指的是那些符合自恋型人格障碍（Narcissistic Personality Disorder）者或被称为自恋者（Narcissist）、反社会型人格障碍（Antisocial Personality Disorder）者或被称为反社会者（Sociopath）及精神病态者（Psychopath）。在"什么样的人会成为心理虐待的施虐者"一节中，我将对自恋者、反社会者和精神病态者进行详细的介绍。我们将讨论他们的人格特质是怎样形成的及为什么他们选择处于人格障碍的状态。这是每一个幸存者都需要掌握和理解的重要信息。而现在，我只能说他们缺乏共情，并且对周围的人造成了巨大的伤害。你已经知道这些都是真的。

谁是自恋者、反社会者或精神病态者？他可能是你的母亲、父亲、兄弟姐妹、祖父、祖母、姑妈、姨妈、叔叔、舅舅、堂亲、男朋友、女朋友、丈夫、妻子、成年的孩子、朋友、姻亲、同事、老板或个体拥有的社会关系中的任何人。就像你看到的那样，他们的"毒性"可以影响许多人。这种影响（及随之而来的毁灭性打击）持续进行且不断泛化，其广泛性令人感到悲哀。

施虐者也可以是女性

大众的刻板印象为自恋者、反社会者与精神病态者都是男性，这是完全错误的。在亲密关系中，有许多严重的伤害是由女性造成的。事实上，在我的来访者中，男性隐性虐待幸存者的人数不亚于女性。女性施虐者的行为方式与男性施虐者有所不同，它们通常更隐蔽（即卑鄙），但也不是一成不变的，有时候她们的攻击性也会很强。关于心理虐待，你要学习的第一件事是，它的存在形式并非单一不变。我要说的是，有些施虐者是这样行事的，而有些施虐者是那样行事的，而这些全都是真的。这也是我们很难发现心理虐待者的原因之一。他们披着各种伪装、有着不同的个性。但是，所有心理虐待的施虐者固有的核心错误观念是，全世界都围绕着他们转，只是他们所表现出的对生活的信念因人而异。

就像我之前提到的，我是心理虐待研究项目的联合研究员。在进行开放调查的那两周里，有623人完成了线上问卷，前500名被试是在我们发布调查的四天内完成的。我对此并没有感到惊讶。那些被"有毒的人"虐待过的人迫切地渴望寻找答案。他们慷慨且善良，一旦他们找到了答案就愿意分享自己的故事，期望对其他人的康复之旅有所帮助。

在这项调查所使用的问卷中有这样一个问题：你与施虐者是什么关系。603人回答了此问题，121（20%）人的回答为施虐者是他们的亲戚（即父母、兄弟姐妹、孩子或祖父母）。在这121人中，有87人（在虐待类型上）选择了家庭虐待，其中41人选择了"母亲"（或岳母、继母）。27人选择了"父母"，8人选择了"父亲"。这些数据显示，在这项研究的被试中，母亲（或承担母亲角色的人）是主要的心理虐待的家庭施虐者。我再重复一遍，心理虐待者也可能是女性，她们所造成的伤害与男性心理虐待者一样多。

男性心理虐待者

根据我们的研究结果，在上述603人中，433人（72%）回答施虐者是他们的恋人（即配偶、伴侣、男朋友或女朋友）。在这433人中，102人回答了与施虐者的具体关系：31人回答（施虐者）是"男朋友"，30人回答是"配偶"，27人回答是"丈夫"。这些数据显示，完成这项调查的人大多与有毒的男性正处于或曾经处于一段恋爱关系中。

男性施虐者符合我们的刻板印象。抵制家庭暴力的倡导和宣传加深了我们对虐待危害的认识。然而，在许多国家和地区，仍然存在的情况是，只有在涉及身体伤害时，家庭暴力才被看作是有危害的。这使有些成年人和孩子常常在自己家中感到恐惧不已，而其他人却什么都做不了。如果一个人连自己遭受身体虐待都很难证明，那么作为心理虐待的基石——扭曲现实这种激烈的心理游戏，幸存者又该如何解释呢？我可以告诉你，他们能解释清楚的部分非常少。试图寻求帮助以保护自己和孩子的幸存者往往被认为是歇斯底里的、疯狂的和不稳定的。这是因为心理虐待的隐蔽性很难用言语描述。如果没有合适的言语，幸存者们的话听起来常常不知所谓。心理虐待康复社区的人知道这根本不是幸存者的问题，但是普通大众对心理虐待的了解很少。这正是"第二阶段——学习"这一步骤至关重要的原因，该阶段将为你提供你所需要的言语，来解释你在生活、工作或其他方面受到的伤害。

什么样的人会成为心理虐待的施虐者

心理虐待的施虐者确实是出现在我们周围的自恋者、反社会者和心理病态者。作为一名治疗师，我可以对一个成年人做出自恋型人格障碍或反社会型人格障碍的诊断。但我们通常不会在一个人成年之前诊断其患有人格障碍，因为人格的形成贯穿个体的整个青少年阶段。有些人确实在早年就显现出自恋型人格障碍或反社会型人格障碍的特征，但这些孩子或青少年常被给予一种与人格障碍无关的诊断。

许多已经达到自恋者、反社会者和精神病态者诊断标准的人并没有获得正式的诊断，因为很少有人定期进行心理咨询。如果他们最终坐在了治疗师的沙发上，那很有可能是有人强迫他们去的，或者他们是来说服治疗师自己并没有问题。作为一名治疗师，我不能对来访者之外的人进行诊断。当幸存者来找我咨询时，我可以与他们谈谈自恋型人格障碍和反社会型人格障碍的诊断标准，但我不能对根本没有来过我办公室的人进行诊断，因为这会涉及各种各样的伦理问题甚至是暗示。然而，如果幸存者知道自己要面对的是什么，学会给自己所目睹的行为命名，这对他们来说是一种非常重要的力量。为了达到让幸存者康复的目的，我们必须讨论这两种人格障碍的所有特征。获得关于人格障碍的知识是心理虐待的幸存者在接受心理咨询时必不可少的步骤。

人们常常询问，自恋者、反社会者和精神病态者在临床上的表现有什么不同。我举一些虚构的例子说明这三者的细微差别。

- **自恋者**会开车从你身上碾过去，并责骂你挡了他们的道。他们会无止境地抱怨你把他们的车弄坏了。

- **反社会者**会开车从你身上碾过去，他们不仅责骂你挡了他们的道，甚至还得意地笑，因为他们从自己制造的混乱中得到了隐秘的快乐。

- **精神病态者**会不遗余力地精心计划好行动步骤，确保能开车从你身上碾过去，他们边做边笑并不忘回头看一眼，以确保对你造成了严重的伤害。

人性复杂，对吧？正因如此，你才要走上艰难的康复之路。虽然上面的举例非常简单，但它们确实说明了自恋型人格障碍和反社会型人格障碍所属的不同谱系。"自恋者""反社会者""精神病态者"这三个术语的差异主要集中在"毒性"的强度上，这种"毒性"存在于有问题的人身上，这些人的问题就是选择深陷混乱的状态，而不去处理他们对他人缺乏真实的依恋这件事。

施虐者在哪里实施心理虐待行为

心理虐待可以发生在两个人之间（如亲子之间、情侣之间、同事之间或朋友之间），或者发生在一个小团体中（如家庭成员之间或职场中）。

个体施虐者

有毒的爱人或配偶

一个浪漫的伴侣可能会使用许多不同的方式对另一半实施心理虐待。我目睹了在一段原本安全的亲密关系中发生了一些最可恶、最残忍的心理虐待。我曾看到一些来访者被他们的伴侣"毒害"得如此之深，以至于他们需要接受住院治疗以解决由心理虐待直接导致的各种躯体问题。对我来说，虽拥有满腔帮助他们的意愿，却只能坐在那里眼睁睁地看着其中一些人的状况持续恶化，这是一种莫大的悲剧。

在幸存者的生活中，那些本应成为他们的"避风港"的人，实际上却在默默地淹没他们。显而易见，这种情况经常发生。通常，当其他人还在为施虐者是一个多么好的人，或者幸存者与施虐者遇到彼此是多么幸运而大声欢呼时，情感谋杀已经发生了。对于那些在亲密关系中受到伤害的人，他们很清楚自己的伴侣做出的是"杰基尔与海德"（Jekyll and Hyde，双重人格的代称）的行为。伴侣在家里的形象与他或她向世界展示的形象截然不同，全世界都上了他或她的当。一些最严重的心理虐待施虐者不仅拥有良好的公众形象，甚至还是公众人物。不要认为这只是巧合。为了使幸存者做出的任何关于自己受到伤害的声明听起来不可信，施虐者所使用的策略都经过了深思熟虑。在这种环境下，幸存者的任何指控都站不住脚。最终，幸存者看起来就像一个"疯子"，而虐待的恶性循环仍在继续。我们永远不要低估心理虐待的施虐者隐瞒真相的能力，他们对自己都不诚实，甚至相信自己所说的谎言是真的。

> 通常，当其他人还在为施虐者是一个多么好的人，
> 或者幸存者与施虐者遇到彼此是多么幸运而大声欢呼

时，情感谋杀已经发生了。

我经常把一个隐藏的施虐者对浪漫关系的关注比作一个吸毒的人对毒品的依赖。为什么这二者相似？一个毒贩会给人们提供免费的、容易使人上瘾的毒品，直到其选中的目标上钩为止，即对方从身体和情感上都对毒品产生了依赖。然后，他就不再免费提供毒品了，对方要想获得毒品就要付出很高的代价，这个代价可能是其自我价值，甚至是生命安全。如果对方开始摆脱对毒品的依赖，猜猜会发生什么？更多的免费毒品再次出现，直到目标重新上瘾为止。成瘾和付出高额成本之间的恶性循环发生了，毒贩的行为就是如此邪恶。在心理虐待中，幸存者情绪的高潮和低落与成瘾现象相似。情绪低落现象包括极度的焦虑和困惑，而情绪高涨则是肾上腺素的激增。当幸存者意识到自己的这些经历都由心理虐待的施虐者制造和操控的时，康复就开始了。心理虐待的施虐者这样做是为了让幸存者失去平衡，沉迷于情绪高涨时刻。

我之前提到过，心理虐待是一系列行为，但并不是所有的施虐者都会把幸存者推到不稳定的边缘。有些人因为反复经历被抛弃的情感游戏，其自尊在不知不觉中受挫。肉体上联结但情感上疏离，这并不是正常的婚姻或恋爱关系的模式。打击一个人的方法不止一种，这些方法包括各种形式的隐性虐待。心理虐待的施虐者经常使用消极攻击控制他人。你很难看清楚他们正在做什么，这也是为什么幸存者经常怀疑是否是自己过于敏感或缺乏安全感。心理虐待的施虐者在一段关系中保持主导地位的方式有抽身和情感退缩。这是一场"比一比谁更不在乎"的游戏。谁投入的感情更少，谁就赢了，对吗？不管怎样，施虐者是这样认为的。他们的"接近–消失"行为给幸存者的内心世界造成了混乱，但这就是他们想要的结果。是的，他们故意虐待他人。这些心理游戏扼杀了伴侣之间可能曾经建立起来的任何程度的联结。施虐者伤害他们亲近的人的能力，与他们缺乏亲密关系中的依恋的情况完全一致。

即便在蜜月期，一些幸存者就开始经历"有毒的人"行为上的彻底转变。幸存者分享说，婚礼一结束（如婚礼当晚），自恋者、反社会者和精神病态者的态度就变得冷漠、疏远和严苛。这些预兆在婚礼之前可能已经有所显现，但尚不足以让幸存者警觉到想要取消婚礼。可悲的是，当幸存者完全陷入（或被困）其中时，施虐者就撕下他们的面具，暴露出有毒的本性。对处于新婚阶段的人来说这种打击是毁灭性的，因为他们本以为自己娶或嫁给了一生的挚爱。在一整天庆祝他们从此喜结夫妻的活动后，这种打击尤为明显。虽然这种情况在心理虐待关系中并不常见，但它也时有发生，因此有必要提及。

另一种有毒的婚姻常出现在两个人有了孩子之后。幸存者分享说，他们的配偶可能在很早之前就显现出施虐者的危险信号，自从有了孩子之后，他们的施虐行为开始大大增加。为什么会这样？众所周知，心理虐待的施虐者嫉妒任何得到关注比自己多的人。这种嫉妒甚至可能发生在面对他们的孩子和配偶时。"有毒的人"需要持续被关注以满足他们高度的权力意识和膨胀的自我。孩子出生后，很显然配偶的注意力不再总是放在施虐者身上了，于是施虐者就变得更加苛刻和难缠。有些人会质问他们的配偶，是更爱自己还是更爱孩子。正常的父母不会把自己的孩子当作争夺配偶注意力的竞争对手。而施虐者却常常把配偶没有给予自己持续的肯定和关注当作自己恶劣行为的借口。他们会说"你没有满足我的需要""在你心里，我不再是那个最重要的人了"或"你只关心孩子"之类的话。这些针对幸存者作为配偶角色的指控，会导致幸存者质疑自己作为配偶和父母的双重身份。心理虐待的施虐者把幸存者置于一种两难的境地：满足施虐者的需要还是他们的孩子的需要。任何一位父亲或母亲都不应该被放在他们的配偶和孩子之间来面对这种两难的抉择。

> 众所周知，心理虐待的施虐者嫉妒任何得到关注
> 比自己多的人。

有时，人们试图为婚姻或亲密关系中有毒的行为做辩解，如"所有夫妻之间都会有矛盾"。但正常关系和虐待关系的区别在于，正常关系中的冲突不会使其中一方长期遭受孤立，也不会导致亲密关系恶化，不会让他们一直担心这种虐待会伤害他们的孩子，不会让他们感到自己生活中的某些关键领域需要调整和修复。是的，每对夫妻都面临着独特的挑

战，但通常不至于达到被认为是虐待的程度。"有毒的人"喜欢把自己的虐待行为正常化，他们宣称所有夫妻之间都有矛盾是为了让幸存者觉得自己反应过度和过于敏感。这是一种转移注意力的策略，目的是把幸存者的注意力从他们——施虐者——身上转移到幸存者对虐待的反应上。

有毒的朋友

友情是我们日常生活支持系统的核心，朋友用各种方式丰富着我们的生活，他们是我们自己选择的"家人"。既然朋友能如此接近我们的生活和走进我们的内心，那么明智地选择朋友就显得至关重要。每个人都曾有过类似这样的友谊：我们总是想知道为什么我们会允许某个人靠近自己。我相信，以下两件事会影响每个人的成长：（1）我们与自己内心深处的对话；（2）我们经常与之相处的人的态度。同龄人之间的心理虐待普遍被忽视，因为看起来似乎所有的朋友都在"挑战"彼此。我们可能不清楚一个人究竟是诚实的还是虚伪的。一段正常的有起有落的友谊和一段受虐的友谊的区别在于，它对其中一方造成的影响。"有毒的人"的意图也是识别"虐待友谊"的关键。

恶毒的朋友不会遵守别人设立的界限，他们可能会越过你设置的任何"禁区"。例如，幸存者要求"有毒的人"不要与他人谈论有关自己的八卦，而施虐者却完全忽略幸存者的请求，继续像讲笑话一样与他人谈论幸存者。这些人也常常想充当他人生活中的"专家"，他们认为自己知道如何更好地抚养孩子，如何取得更大的成功。他们自认为在各个方面都做得很好，所以他们觉得如果周围"愚蠢的人"能看到这些并向他们学习就再好不过了。当然，最后一句话充满了讽刺意味，但这确实是有毒的朋友的想法。有些人甚至会告诉你，他们不知道自己还需要做什么，因为他们的生活是"完美"的。是的，他们大声地说出如此荒谬的言论，奇怪的是他们却听不见自己的声音。

> 恶毒的朋友不会遵守别人设立的界限。

施虐者团体

有毒的团体会以不同的形式和规模出现。他们可能是一个家庭或一群工作伙伴。有毒的团体的共同之处在于施虐者及团体成员并不想真正了解幸存者，他们想要做的是给幸存者树立一个个虚假的形象，以便为施虐者的虐待行为辩护。这是一种制造替罪羊的经典伎俩，最终目的是让幸存者承担集体功能失调的压力。

有毒的家庭

即使在子女成年离开家后，有毒的父母所说的那些充满仇恨的、尖酸的话语仍在子女的脑海中挥之不去。这是因为自恋、反社会和精神病态的人格特质塑造了最糟糕的父母，与充满爱的父母无私奉献的天性相反，有毒的父母缺乏基本的共情能力。与孩子的任何需求相比，他们优先满足自己的需求，并且认为自己的行为完全是正当的。施虐者在家庭中制造出"合情合理"的怨恨。在后来的生活中，他们想知道为什么他们和成年子女之间没有建立起真正的依恋关系。这是因为长久的自私和尽心的养育是不相容的。

在有毒的家庭中，建立亲密的关系从来不是家庭成员想要达到的目标。在父母的影响下，兄弟姐妹之间经常互相攻击。因为只有这样，有毒的父母才能对家庭成员之间的关系保持掌控，即使他们的孩子已经成年。在有毒的家庭中，三角关系可能是显性的也可能是隐性的，但其对家庭成员之间关系的伤害都是彻底的。人们也许很难想象父母会破坏孩子们之间的亲密关系，但我曾亲眼看见来自有毒家庭的兄弟姐妹之间的关系总是处于混乱状态。这种现象在临床上被称为"假性突变"（Pseudomutality），许多有问题的家庭中都存在这种情况。这个词被用来描述一些家庭从表面上看其家庭成员之间的关系很紧密，但实际上，在公众不可见的背后，家庭成员之间却有着特别不正常和有害的关系。从表面上看，他们是一个紧密联结的家庭，但实际上却是一个充满破坏性的团体。

有毒的家庭可以从家庭成员的数量和规模中得到力量。因为一个家庭的规模越大，其功能障碍的严重程度就越容易被掩盖，尤其在外人看来。有毒的家庭中的施虐者会使用许多虐待手段来达到其想要的结果。一些家庭成员会利用沉默的方式表达对其他家庭成员的漠不关心，即便对孙辈也是如此。他们也可以用"我们和他们"的哲学来对待亲属、非血缘关系的配偶或其他重要他人。一些家庭可能会利用很多流言蜚语制造紧张的关系。幸存者认识到这是因为心理虐待而非自己有功能障碍是通向康复的第一步。如果你有机会观察一个有毒的家庭足够长的时间，就会发现他们的注意力还会从一个替罪羊身上转移到另一个替罪羊身上。在存在心理虐待的家庭中，总有一个人会成为替罪羊。否则，那些施虐的家庭成员就不得不审视自己本身的问题并加以处理，但这对他们来说是不可能的。

> 在存在心理虐待的家庭中，总有一个人会成为替罪羊。否则，那些施虐的家庭成员就不得不审视自己本身的问题并加以处理，但这对他们来说是不可能的。

实施心理虐待的家庭成员喜欢采用分而治之的方法。他们尤其喜欢在姻亲关系中使用这一伎俩。你肯定听说过家庭中婆媳之间的问题。不仅如此，女婿也会成为被虐待的目标。在一个有毒的家庭中，分而治之的方法往往以很隐蔽的方式出现。使用这种方法的人看起来很无辜，但他们绝不像表面看上去那样天真。存在心理虐待的家庭，其家庭成员会离间自己的家人和被当作目标的家人之间的关系。例如，当所有的家庭成员走进一家餐厅且有一张足够所有人坐在一起的长桌时，中间的位置立刻被有毒的家庭成员占去，这导致作为心理虐待目标的姻亲只能坐在桌角的位置，远离自己的配偶和孩子。这就是分而治之。

施虐者实施这种虐待的目的是让姻亲感觉自己被拒绝、不受欢迎、被排除在大家庭之外。姻亲的配偶和孩子还在家庭"俱乐部"里，但不包括被孤立的、作为目标的姻亲本人。这是成人版的校园里刻薄女孩（或刻薄男孩）的游戏。如果姻亲提出异议，你认为会得到怎样的回应？幸存者最终会被称为讨厌的、没有安全感的和控制欲强的人。在幸存者的灵魂深处，他们能感觉到正在发生的隐蔽的心理游戏。心理虐待通常非常隐蔽，因此，在与有毒的大家庭一起就餐时，当一个人抱怨自己与配偶和孩子离得太远时，其他人确实会认为这个人很小气。但是，这正是施虐的家庭成员所希望的，他们故意制造出这样的情境，姻亲对正在发生却看不见的虐待感到愤怒、悲伤，因此常常做出情绪化的反应，结果就是他们显得"非常可笑"。

存在虐待的家庭就像捕蝇草一样。捕蝇草是一种食肉植物，它们会通过自己的外表吸引小动物靠近。一旦它们感觉到周围有活的昆虫或蜘蛛，就会立即合上，把这个生物困在里面。然后，它们开始真正消化猎物，这是一种非常卑鄙的行为。有毒的家庭成员与之类似，他们用令人愉快的事物作为诱饵，引诱家庭成员待在一个功能失调和虐待的环境中。在有毒的家庭中，金钱是常用的诱饵之一，常见的诱惑包括：承诺（有时是和幸存者一起）度假、还清贷款、买车、为孙辈付学费等。另一种伎俩是义务，一些有毒的家庭成员喜欢一股脑地抛出他们的所有需求，并且要求幸存者履行"义务"。他们并不关心幸存者，他们认为幸存者有义务满足家族里自恋者、反社会者和精神病态者的所有需求（包括说出口的和没有说出口的）。当我们成长在一个教我们要忽略自己的安全和幸福的环境中时，"义务"是一个强有力的驱动力。如果幸存者不履行"义务"，就说明其是一个"自私"的人。如果在家庭成员需要幸存者的时候他们却不出现，就证明了施虐者的指责是正确的。任何一个幸存者都不想要这样的结果。但是，我们该如何定义自私和需求呢？有虐待倾向的家庭成员总有挑起事端的伎俩，因为只有这样他们才能成为众人关注的焦点，并且表明自己急切需要他人的帮助。但是，我们很难分辨他们的哪些需求是真实的、哪些是人为操纵的。

一旦诱饵（如金钱）成功发挥了作用，"捕蝇草家庭"就开始实施第二步。这时，"毒素"开始渗透了。心理虐待的施虐者只能在短时间内保持正常人的状态，关心他人、看上去很体面从来不是他们本来的样子。但是，他们必须假装做出一些行为以表明自己具有这些积极的性格或品质。施虐者的这些欺诈性的善举会持续一段时间，接着他们会恢复本来的面目。我相信，施虐者经过一段时间的假装友善及他们艰难地回到原本人格紊乱、过度自我的状态后，事情只会变得更加糟糕。

> 心理虐待的施虐者只能在短时间内保持正常人的状态，关心他人、看上去很体面从来不是他们本来的样子。但是，他们必须假装做出一些行为以表明自己具有这些积极的性格或品质。施虐者的这些欺诈性的善举会持续一段时间，接着他们会恢复本来的面目。

施虐者引诱受过伤害的家庭成员，让他们向施虐者寻求其所渴望的关爱，但这些家庭成员最终会发现自己再次被伤害和拒绝。心理虐待的反复性本质让幸存者难以摆脱家庭中的心理虐待，并且难以找到持久有效的康复方法。每个人都希望被自己的家人所爱，没有人希望早晨醒来后面对的是亲人的恶言恶语和残忍虐待。归属感是人类体验的核心。我们天生需要且想要被他人接纳。每个人都期望有这样一种感觉：自己拥有别人，别人也拥有自己。但是，这种基本的人类需要正是施虐者想要掠夺的。

任何一个隐性虐待家庭的幸存者在与其原生家庭隔离（不管是物理上的还是精神上的）时，都会经历最深切的痛苦。被姻亲虐待、嘲笑和羞辱的幸存者可能会感到悲伤，但他们更可能感到愤怒。当我们不能像一般人那样从大家族或姻亲那里得到应有的爱时，我们的生活就被改变了。"美好假日"已不再，这种人生的"里程碑"往往是令人难堪的，紧张替代了温暖和依恋。从有毒的家庭中康复是一个缓慢的过程，因为幸存者不得不打破一些根深蒂固的观念，重新建立积极的信念。从心理虐待中康复显然是有可能的。如果幸存者能意识到从有毒的家庭中康复需要一定的时间，这对他们也将有很大的助益。

有毒的职场

自恋者、反社会者和精神病态者也要谋生，你们猜最后会怎样？他们会成为职员、同事、经理和高级管理人员。在职场中，"有毒的人"经常使用隐蔽的方法破坏幸存者在事业上取得成功。例如，他们长期不给幸存者提供完成工作所必需的信息，导致本该完成的任务迟迟不能完成，让幸存者感到难堪。有时职场中的心理虐待并不隐蔽，反而非常明显且具有攻击性。同样，职场中的施虐者可以有很多方式表现他们的功能障碍。幸存者表示，他们曾被粗暴地吼叫、公开嘲笑，甚至身体遭受到侵犯，而施虐者认为这是对幸存者的一种管理行为。不管幸存者遭受了何种心理虐待，他们在身体和情感上所付出的代价都是巨大的。来自职场虐待的威胁，让许多幸存者每天对去上班这件事感到极度焦虑。幸存者内心的紧张程度可能随情境的不同而变化，但毫无疑问，在职场中长期受到心理虐待会对他们产生负面影响。

心理虐待的施虐者何时伤害他人

心理虐待的施虐者喜欢把目标对准那些拥有其没有或无法拥有的东西的人。自恋者、反社会者及精神病态者之所以臭名昭著，是因为他们会挑选拥有一切美好事物的人作为目标，而摧毁那些美好的事物能使他们产生优越感。在挑选虐待的目标时，施虐者考虑的因素可能是目标的外貌、年龄、智力、声誉、宗教信仰、事业、家庭、朋友等。

一旦目标上钩，"有毒的人"就开始摧毁目标身上那些最初吸引他们的品质。对"有毒的人"来说，摧毁一个原本健康、快乐的人，是他们的娱乐方式和力量之源。这一点常常被幸存者忽略，因为在虐待发生时，他们认为自己是残缺不全的。由于施虐者说了一些满怀怨恨的话，幸存者便认为自己之所以会成为他们的目标是因为自己"软弱无能"。然而，事实恰恰相反。那些对施虐者而言毫无价值的目标不会吸引他们的注意力。施虐者喜欢那些能让他们感觉自我良好的人，施虐者就像水蛭一样依附于能给他们提供"食物"的人身上。一旦他们吃饱了，就开始破坏幸存者身上令他们嫉妒的品质。因为"有毒的人"不能拥有这些积极的品质，所以他们也不希望幸存者拥有。

> 对"有毒的人"来说，摧毁一个原本健康、快乐的人，是他们的娱乐方式和力量之源。这一点常常被

> 幸存者忽略，因为在虐待发生时，他们认为自己是残缺不全的。由于施虐者说了一些满怀怨恨的话，幸存者便认为自己之所以会成为他们的目标是因为自己"软弱无能"。然而，这与事实恰恰相反。

施虐者喜欢把每个人和每件事都摆在自己觉得最适合的地方。我经常说他们对自己的生活有一个想象的棋盘。他们操纵着棋盘上的所有棋子，唯一的目的就是让自己"赢"。"有毒的人"几乎不去想他们的行为给身边的人带来了怎样的影响。幸存者必须意识到，"有毒的人"从来没有考虑过别人的感受。幸存者必须一步一步地为自己谋划，努力为自己争取高品质的生活。因为在施虐者的棋盘上，幸存者从来不在其考虑的范畴内。

心理虐待的施虐者怎样伤害他人

心理虐待的施虐者是非常"优秀的演员"，他们会利用任何可用的手段来维持自己在人际关系中的掌控感。例如，当施虐者需要表现得自己像受害者时，他们就会泪眼蒙眬；当需要表现得自己已经改过自新时，他们会使用外露的情绪表达方式。但事实上，这都只是为了操纵幸存者重新回到有毒的"游戏"中。控制狂会通过许多虚假的情绪控制他们身边的人。除了眼泪之外，他们可能会表现出内疚以使幸存者为自己设立的界限感到难过，表现出愤怒以恐吓别人服从自己，表现出满不在乎让幸存者感到被抛弃和被遗忘。我们需要记住的重点是，在绝大多数时候，施虐者的外在情绪表达都有特定的目的，通常是为了以某种方式伤害他人。我们不能只看施虐者的表面形象，他们的行为并不可信，他们完美地运用自己的表演技巧是有原因的。

> 心理虐待的施虐者是非常"优秀的演员"，他们会利用任何可用的手段来维持自己在人际关系中的掌控感。

我经常从幸存者那里听到的一件事是，为什么他们没有及时注意到亲密关系中存在的那些危险信号。如果施虐者是你的父母、同事、朋友、恋爱对象时，你就不会对此感到困惑了。几乎所有的幸存者都怀疑是自己的错，因此他们才没有及时发现危险的征兆。他们最常问的问题是："我怎么会让这样的事发生在自己身上"。

心理虐待隐蔽的原因在于，它很难被明确地指出来。施虐者拼命隐藏他们的真实动机，他们撒谎并把责任转移到幸存者身上。为了揭露心理虐待的模式，幸存者需要经历许多令他们深受伤害的事。心理虐待绝不是一次性的伤害，我把这个过程描述为"收集鹅卵石"：一颗鹅卵石代表与施虐者之间的一段消极经历。

在这段关系的早期，幸存者可能会意识到好像有什么不对劲。此时，他们的袋子里会有一些鹅卵石。但是，这个袋子不是很重，因为里面只有几个石头，即施虐者做出的一些怪异行为或伤害幸存者的瞬间。当然，此时还没有足够的证据表明你受到了严重的毒害以致需要远离家人、辞掉工作、和男朋友或女朋友分手等。毕竟只有极少数时刻是痛苦的，对吧？在这一点上，幸存者会对此进行合理化：没有人是完美的。生活总是好日子和坏日子交替出现。在与他人相处时，有一些不愉快的时刻很正常，这是人的天性，不需要把这些看得过于严重。当面对这些痛苦时，我们常常只是耸耸肩，然后继续前行。随着时间的推移，幸存者才逐渐认识到，鹅卵石（伤害性的时刻）越来越多，袋子也越来越重，重到自己再也无法承受。许多幸存者都描述了在虐待行为和施虐者漫长的重压下自己逐渐被压垮的经历。

然而，"有毒的人"喜欢把每件事单独拿出来讨论。他们争辩道，他们所说的和所做的都没有什么大不了的。他们希望幸存者每次只看到一颗鹅卵石，而不去考虑虐待带来的整体重压。他们指控幸存者"只沉溺于过去"，或者他们会说"问题在于你不肯原谅我曾经的过错"。然而，真正的问题在于施虐者总是犯同样的"错误"或做出伤害他人的行为。他们希望幸存者总是把注意力放在某一次事件上，但这是不可能的，就像一个人不可能在一场暴风雨中把一个小雨滴分离出来一样。

通常，自恋者、反社会者、精神病态者一直在提升他们的观察技能，即他们系统地收集有关目标的信息并让这些信息为自己所用。施虐者会发现幸存者在感情方面的弱点，然后利用这些弱点控制他们和娱乐自己。例如，幸存者可能会无意中提及自己的弱点和不安全感，施虐者便会把这些信息记下来，在适合实施虐待的时候再反馈给幸存者。他们一直在收集信息并利用这些信息来伤害他人。这就是幸存者在康复且向前看的过程中，必须缓慢地向他人暴露有关自己的信息并时刻保持警惕以保护好自己的原因。对许多幸存者来说，在一段关系中不要太快地"全情投入"，并且要保护好自己，是他们需要学习和成长的领域。如果幸存者过于快速地向他人暴露自己的一切，就像一本书一样在别人面前摊开，对自己的个人信息毫无保留，那么结果常常会被反咬一口。

一旦"有毒的人"得到了足够多的信息，他们就会通过每次抛出和利用其中一小部分信息的方式操纵幸存者。他们最喜欢有关幸存者的两方面的信息：一是幸存者的不安全感，二是幸存者的个人成长经历。为什么施虐者格外关注这两方面的信息？因为他们试图把彼此关系中存在冲突和问题的所有责任都推给幸存者。他们每次只给一匙"毒药"是为了让幸存者更容易咽下去，也更不容易被发现。当他人指出我们的缺点，并且将我们认为的自己的性格缺点与他们对我们的抱怨联系起来时，我们更有可能相信那是真的。这是一个让幸存者承担责任，而施虐者则完全置身事外的完美圈套。

> 当他人指出我们的缺点，并且将我们认为的自己的性格缺点与他们对我们的抱怨联系起来时，我们更有可能相信那是真的。这是一个让幸存者承担责任，施虐者则完全置身事外的完美圈套。

在康复的过程中，几乎所有的幸存者都会经历这样的时刻，他们怀疑施虐者是否只是有点"傻"，因此并不清楚自己给幸存者造成的痛苦。接着，他们翻来覆去地想，施虐者究竟知不知道自己做了什么。如何回答"施虐者究竟是真傻还是有意为之"这个问题，对幸存者的康复至关重要。施虐者知道应该何时、何地暂停他们的操纵游戏，他们清楚地知道如何按下情感的按钮，以让幸存者如他们所渴望的那样感到受挫。他们知道如何操纵他人，以让自己看起来反而像受害者。这听起来像是因为他们太"傻"而不知道自己的行为会伤害他人吗？显然不是。

当幸存者试图和施虐者谈论他们所做出的伤害行为时，施虐者最喜欢使用的策略是不回答。他们什么也不说，完全保持沉默。当幸存者问他们为什么不回答时，他们会进行狡辩，说一些"我不和你争"之类的话。你能看到其中发生了什么吗？幸存者被指责是造成冲突或争吵的罪魁祸首。施虐者从来不控制自己的行为，他们尽一切可能避免讨论自己的行为。他们非常清楚自己所玩的操纵游戏，而且他们知道这是有效的。为什么他们对改变自己没有兴趣？因为他们享受这种权力、控制、快乐及操纵他人的游戏。施虐者十分享受操纵他们最亲近的人，就像操纵提线木偶一样。

自恋者、反社会者和精神病态者讨厌幸存者指出他们行为中的矛盾之处。施虐者费尽心思地隐藏自己制造混乱的行为。他们为自己能够控制一切、不受任何人和任何事的影响而感到自豪，尽管那些完全是谎言。当幸存者开始意识到施虐者的行为模式时，施虐者通常会立刻变得充满防御性。作为转移幸存者注意力的一种策略，施虐者可能会说："真正的朋友才不会对我如此苛刻。""一个好的伴侣永远不会像你这样做。"或者"作为一个成熟的员工，我原本对你期待更多。"施虐者说这些话的目的是把焦点从自己身上转移到幸存者身上。心理虐待的施虐者不会为自己的行为负责，所以他们必须把责任推到其他人身上。

为了把责任转移到幸存者身上，施虐者喜欢运用"如果……那么……"句型：如果幸存者不那么敏感、小肚鸡肠或疑神疑鬼，那么他们的关系还能挽救。但这不是真的。"如果……那么……"语句是一种微妙的言语虐待，因为这听起来就好像施虐者希望这段关系更健康。然而事实上，施虐者是以冲突为生的，他们并不想维持正常的依恋关系。他们说"如果……那么……"是又给了自己一次暗中侮辱幸存者的机会。

"有毒的人"喜欢指控幸存者自私，这通常发生在幸存者试图做一些对自己有利的事情时。施虐者想要破坏这些事情给幸存者带来的快乐，他们费尽心机就是为了让幸存者一直精疲力竭、焦虑且充满困惑。在生活中能够很好地照顾自己的幸存者对心理虐待的施虐者来说是一种威胁。通过照顾好自己，幸存者可以获得足够的内在能量来设立界限，拒绝让自己生活在恐惧中。限制幸存者在使其感觉愉快的活动上花费时间是施虐者的洗脑策略之一。如果我们在日常生活中孤立无援、毫无希望，那么我们的生活质量会受到严重的影响。施虐者会让幸存者为想要做一些使自己感到快乐的事情感到羞耻，通常施虐者没有参与这些事情——如果幸存者仍然想要追求快乐，他们就会产生巨大的罪恶感。在从心理虐待中康复之前，大部分幸存者都无法做一些使自己快乐的事，因为他们害怕被施虐者报复。一旦进入康复期，幸存者就会看清施虐者正在对他们进行的操控游戏，并且学会拒绝被操控，自由地创造充满活力的生活。

> 如果我们在日常生活中孤立无援、毫无希望，那么我们的生活质量会受到严重的影响。

施虐者喜欢使人们陷入失败，如果施虐者能证明幸存者是错的并使其难堪，他们会很享受这一过程。他们是如何做到的呢？通常，施虐者会提供错误的信息，并站在一旁观看目标上钩（被骗）。然后，他们嘲笑、羞辱并批评幸存者做了"错事"。施虐者这样做是为了进一步证实自己所散布的有关幸存者的谣言，并反过来让自己看起来像真正的受害者。"有毒的人"会不遗余力地给幸存者编造一个虚假的形象。施虐者想要让幸存者在他人看来非常糟糕。一般人很难理解施虐者为什么要这么做，但他们确实如此。这种不理解往往会成为一种阻碍，使外界看不到正在发生的伤害。为了看清楚到底发生了什么，人们必须接受这样一个事实：有些人会作恶，并且他们从对无辜的人进行心理伤害中获得乐趣。

"有毒的人"总是处于高度戒备的状态，他们永远不会让人们觉得是他们的错。例如，他们会撒谎和狡辩说自己已经道歉了，但事实上他们并没有。当一名幸存者问施虐者，为什么他们从不为自己所造成的伤害承担责任时，施虐者会这样回答："我已经说过对不起了。"事实上，他们从来没有真心说过。他们辩解说当时的情况是怎样的，或者责怪幸存者，甚至双管齐下。"有毒的人"很少会做出真诚的道歉，因为道歉代表他们和其他人一样，也存在缺陷。但是，他们妄自尊大的自我形象必须得到保护，他们拼命维护自己永远正确的假象。一旦施虐者做出任何道歉，幸存者必须认真进行辨别，施虐者的道歉是否是为自己服务的，施虐者是否在使用循环对话的沟通伎俩迷惑幸存者，还是同时使用以上两种策略。真正的、永恒的懊悔从不是心理虐待的施虐者所拥有的。

> "有毒的人"很少会做出真诚的道歉，因为道歉代表他们和其他人一样，也存在缺陷。

心理虐待的施虐者会坚决否认自己的行为是有害的，这导致幸存者在试图准确地解释"有毒的人"究竟做了哪些不正常的事时可能需要花费很多时间。施虐者可能会暂时承认自己的行为是有害的，但随之而来的往往是否认，并且回到他们原本的状态。施虐者喜欢反问："我应该怎样对待你"或"我怎么让你的生活更艰难了"。这些反问甚至是施虐者在幸存者花了数小时列出所有心理虐待的证据之后提出的。归根结底，心理虐待的施虐者永远不会为他们的行为承担长久的责任。幸存者试图继续让施虐者看清楚自己的行为，但结果仍然是徒劳。施虐者永远不会承认他们看到了自己的行为有多么恶劣，因为他们早已清楚自己做了什么，并且选择继续他们那自私、有害的生活方式。

自恋者、反社会者和精神病态者对幸存者的主要指控之一是，他们指责幸存者不尊重他人。为什么有毒的人经常这样抱怨？这是因为他们过于膨胀的自我意识使他们相信，即使是幸存者轻微的纠正或者与他们的意见相左，都是对他们极大的不尊重。幸存者应该知道这一点，不要陷入"有毒的人"的陷阱，不要在事后一再猜测他们的所有行为的意图，因为不管幸存者怎么努力或者表现出何等程度的顺从，他们都永远无法取悦一个真正"有毒的人"。在康复的过程中，幸存者会逐渐意识到，施虐者说幸存者的行为无礼，但并不代表幸存者的行为真的无礼。在施虐者的操纵下，即使是最不具对抗性的讨论，也在扭曲幸存者的观点。在施虐者看来，正常的交谈或彼此分享意见都意味着对他们的不尊重。他们生活在自己的扭曲的世界里，在那里，他们就是至高无上的国王或王后。

> 幸存者应该知道这一点，不要陷入"有毒的人"的陷阱，不要在事后一再猜测他们的所有行为的意图，因为不管幸存者怎么努力或者表现出何等程度的顺从，他们都永远无法取悦一个真正"有毒的人"。

心理虐待的施虐者为什么伤害他人

我经常阅读、收听播客和广播电台的节目，其主题是自恋、反社会、精神病态及如何从这些类型的虐待中康复。我可以告诉你，来自不同阵营的人们提出了各种各样关于人格障碍发展的观点。一些人认为，一般人的性格缺陷处于一定的范围内。自恋似乎是大多数不和谐情绪爆发的灰色地带，而反社会者和精神病态者的共同之处在于他们极度缺乏共情。好莱坞甚至试图通过塑造不同的角色描绘出一幅幅人格障碍患者的画像。在影视剧塑造出来的角色中，有些是对疾病状况的真实反映，有些则纯属虚构，只是好莱坞的导演们对拍一部令人兴奋的电影的尝试。

在此，我要纠正一个普遍存在的误解：人格障碍与精神障碍（如双相障碍、重性抑郁症），并不属于同一类。最近，我看到一篇文章，这篇文章的内容让我十分震惊，因为它完全误导了大众对自恋和反社会型人格障碍中"障碍"部分真实本质的理解。这篇写得很糟糕的文章甚至认为，那些坚持认为自恋者、反社会者和精神病态者应该为其虐待行为负责的幸存者，实际上是在歧视患有精神障碍的人。这简直是胡说八道。这篇文章强调了人们确实对精神障碍缺乏真正的了解，但这种论调在网上到处都是并被标榜为真理。然而，在《精神疾病诊断与统计手册》（第五版）（*The Diagnostic and Statistical Manual of Mental Disorders, Fifth Edition*，DSM-5）中，人格障碍与其他器质性精神障碍分属不同的类别。

人格障碍并不是先天就有的，但双相障碍或自闭症可能在出生之前就有了，它们的诊断标准在 DSM-5 中有详细的描述。人格障碍是由于个体在儿童和青少年时期缺乏对主要照顾者的健康依恋造成的，而不安全的依恋是由极端和不断重复的过度放纵造成的。父母对孩子做出的不适用于一般社会规则的行为持过度放纵的态度，而且这种放纵通常从童年时期一直持续到青少年时期。在这种环境下，养育者长期为孩子遮掩其不良行为，他们只把别人看作可以使自己过得更愉快的资源。对这些人来说，放纵自己的孩子很正常。被过度溺爱的儿童和青少年认为，人类不是一种需要相互愉悦的动物；相反，其他人的存在就是为了使他们快乐。这不是"直升机式的养育"（Helicopter Parenting，即过度养育），而是一种严重缺乏界限的养育，这种养育方式从没有提醒青少年他们只是这个世界上亿万人中的普通一员。父母所传达的信息是，他们的孩子是独一无二的、特别的，可以超越一般人必须遵守的规则。在反复传递这种信息的环境中，孩子"中毒"了。这种情形贯穿了孩子的整个成长过程，直到他们成年。通过对患有人格障碍的成年人的长期观察我们发现，童年时期依恋缺失的影响在成年后继续存在。

> 人格障碍是由于个体在儿童和青少年时期缺乏对主要照顾者的健康依恋造成的。

另一方面，在童年和青少年时期，情感上的忽视会导致亲子之间缺乏真正的依恋。孩子在生理方面的需求可能得到了满足，但其他层面的忽视仍然存在，如家庭内部成员之间的虚假情感联结等。当了解了这些人的成长经历后，可能会让一些人停下脚步并为人格障碍患者感到难过。请你千万不要这么做。有许多人在缺乏爱的家庭中长大，但他们仍然有很高的共情能力且能关怀他人。然而对"有毒的人"来说，由于养育者没有满足他们对真实依恋的需求，于是他们决定，一旦他们成年可以满足自己的需求时，就让一切变成一场不惜一切代价得到"属于我的东西"的游戏。他们还发展出了很高的权力水平，但这并非因为他们是被这样抚养长大的。他们认为生活欠他们的，贪得无厌的欲望使他们想要得到更多别人拥有的东西。他们利用他人，却丝毫不考虑他人的幸福。他们是生活中充满"给予者"的海洋中那个臭名昭著的"接受者"。只要他们能得到自己想得到的东西，他们还会在乎其他的吗？

不管早年缺乏真正的依恋如何成为心理虐待的施虐者性格的一部分，

事实就是他们通过自由意志继续维持他们的伤害行为。有许多人在需求无法得到满足或者因过度溺爱导致功能失调的家庭中长大，他们都带着童年时期的各种错误观念步入成年。为了拥有健康的成年人的生活，他们必须重塑这些观念，其中包括寻求良好的人际关系和高质量的养育。无数人通过自助类图书、参加研讨会、进行心理咨询和利用其他方式疗愈自己，让自己成长。为什么自恋者、反社会者和精神病态者不这样做呢？他们不会这样做仅仅因为他们完全确信自己没有任何问题。他们可能在口头上承认自己所犯的错误，但他们的行为与言论不符。他们表现出的任何可能的自我反思的意识都是短暂的，真正的治疗也永远不会长久和持续。因为归根结底这些人不想改变，他们的生活方式是为他们自己服务的。所以，为什么他们不继续保持这样呢？所有的一切都是关于他们自己，每件事似乎都会回到他们的需求、愿望、时间和目标上来，所有的一切都是他们的。幸存者总是生活在施虐者的需求和欲望的阴影中，这已经是老生常谈了。

一般人必须处理的性格缺陷与人格障碍患者所表现出来的性格特征有很大的不同。在任何时刻，我们是否都可以极度自私、操纵他人、对陌生人恶语相向、对孩子厉声斥责、在他人发脾气时摔门而去，或者以他人为代价寻求自我保护？是的，我们可能会这么做。然而，一旦这些像蹒跚学步的孩子一样肆意崩溃的时刻结束，我们就会感到难堪。我们感到自己是多么无耻，并为把自己内心的烦恼发泄到他人身上感到愧疚。

我们通过向他们说对不起，为他们做一些事弥补自己犯下的错，或者在内心为对他人怀有敌意而感到后悔。我们回到了我们的基准线，我们是有同情心的人，能够反思自己的荒谬行为。但是，自恋者、反社会者和精神病态者不会这样做。他们不能、不想、也不渴望自我反省。他们总是责怪他人，并且永远不会改变。为什么他们会这样？因为在他们眼中，其他人都有严重的缺陷，需要被纠正。

/ 第三章 /

幸存者的共同性格特征

我们花了一些时间研究心理虐待发生的原因、对象、地点、时间和方式。我想先停一下，简单讲一讲我在心理虐待的幸存者身上注意到的一些事情。遭受隐性虐待的人身上似乎有一些重要的和共同的性格特征，这些性格特征有些是积极的，而有些显然需要管理。

幸存者的积极性格特征之一是适应能力强，许多幸存者将自己在受虐前的核心人格描述为"用柠檬做柠檬水"（来自一句谚语，柠檬的酸味暗指生活的艰辛，而柠檬水则是甘甜的）的人。在被虐待之前，幸存者经常被形容为容易相处、能战胜挫折及内心充满希望的人。在经历了一段被施虐者虐待的充满压力的时期后，幸存者常常利用这些积极的品质恢复"元气"。施虐者不断施压，等待着幸存者情绪崩溃。如果幸存者对此不加以管理，在一片混乱中这些积极的品质是福也是祸。对你来说，这听起来是否耳熟？是否曾经有人利用你的优势作为攻击你的武器？

人们对什么样的人会被卷入心理虐待感到有些困惑，大众的刻板印象是，对于任何形式的虐待，其受害者都是需要帮助的、缺乏独立性的个体，一旦没有施虐者的不断给予，他们就无法正常生活。但是，这完全是错误的。大多数心理虐待的幸存者从未想过他们会在这种有毒的关系中强烈地怀疑自己，治疗的主要步骤之一是他们要接受自己的核心人格在有害的环境中发生了巨大的变化。

人们常常会问，两个人互相依赖或拖累与成为一个共情者（有高度同理心的人）是否是一回事？不，它们不是一回事。拖累症（Codependency）指发生在两个人之间的一种不健康的交往方式。这种情况通常发生在一段关系中的一方总是让另一方做出糟糕的选择。与拖累症做斗争的人可以从中学习到新的思维和行为方式。而共情是一种积极、美好的人格特质，拥有这一人格特质的人还有其他许多美好的品质。但是，就像其他人格特质一样，共情既有利也有弊。拥有高度共情能力的人，需要学习在保持高水平的共情能力的同时不影响自己的幸福。设立界限是对他人高度共情的基础。在康复过程中，许多幸存者开始认识到自己拥有非常高的共情能力，而心理虐待的施虐者利用的正是许多幸存者的这些美好之处。幸存者发现，施虐者正是利用他们在人际关系中的这一优势来对付他们。

设立界限是对他人高度共情的基础。

我在幸存者身上常看到的人格特征就是他们的自我反省的能力和愿望。总体而言，大多数幸存者都能批判性地审视自己的行为和动机，他们愿意修复自己的性格缺陷。然而，这种人格优势正是自恋者、反社会者和精神病态者的工具。一个"有毒的人"知道，如果他们指控幸存者，这些指控就能够深深地刺伤他们。施虐者会让幸存者自我反省，让他们反思针对施虐者的那些抱怨是否属实。这是一种非常聪明的转移注意力的策略。事实上，施虐者才需要更多的自我反省，但这永远不会发生。

有毒的环境甚至会导致很多有耐心的人产生不良行为。心理虐待的幸存者发现，他们的行为与正常人格状态下的行为不符，这种变化可能是提示环境不健康的一个信号。不幸的是，幸存者的变化也会助长恶意流言的传播，而这些流言是施虐者或施虐者团体散播出来的。例如，施虐者对幸存者做了一些非常恶劣的事情，人们把目光都集中在他身上，而此时幸存者表现得很愤怒，这时候人们就把注意力转移到幸存者身上。施虐者的行为使人们感到紧张，但幸存者的反应引起了所有人的注意。这是一个恶性循环，它让"有毒的人"可以不断地推卸责任。当幸存者通过与施虐者断绝往来或脱离接触来控制局面，并制订计划应对不健康的环境可能产生的不良影响时，他们会重新获得自我价值感。如果你发现自己的行为似乎增加了施虐者对你的抱怨，请你振作起来，因为你正在或曾经尽你所能地运用你所拥有的知识与困境做斗争。当本书的内容进入康复的六个阶段时，其目的是增加你对自己经历过的事情的理解。

通过学习这些内容，你也会重新认识自我。

一些心理虐待的幸存者发现自己身上也有施虐者的一些负面特征。例如，幸存者可能会使用沉默（突然停止交流、不做任何回应）来惩罚对方。幸存者之所以这样做是因为沉默是施虐者用来对付他们的一种武器，而且这给他们造成了很深的伤害。幸存者试图以此向施虐者展示沉默的破坏力有多大，但这完全是徒劳。施虐者不会仅仅为了扭转局势就改变自己的行为方式。在他们的内心，他们对其他人采取的行为都是正当的。施虐者往往持双重标准，他们觉得自己不能被恶劣对待。所以，为了与施虐者保持一个安全的距离，幸存者最好忠于真实的自我。

当幸存者告诉其他人自己遭受心理虐待的具体细节时，很多幸存者会以这样的话语开始："我知道这听起来很愚蠢……"或"我知道这不是什么大事，但……"接着，他们继续讲述发生在自己身上的一些事，这完全凸显了心理虐待的隐蔽性。就每一次有毒的谈话或片段本身而言，它们可能没有太大的意义。但是，当幸存者开始把这些事串联在一起时，以施虐者为中心的无处不在的虐待生活模式就会变得非常清晰。这和那些由数百个小圆点组成的图画没有什么不同。当然，你也可以靠得很近，把注意力集中在其中的某一个点上，虽然那个点并不能让你看到更多的东西。如果你把那些点（或心理虐待发生的时刻）全部联系起来，你会看到什么？施虐者在描绘一幅怎样的画卷？这幅画可能不是你想挂在墙上每天都能看到的那种，这就是为什么需要康复治疗。

想要正确认识心理虐待很困难，因为这依赖于你看待心理虐待的角度，角度的变化可能会让心理虐待变成正常行为。这是怎么做到的呢？当一个"有毒的人"用沉默的方式对幸存者实施惩罚时，幸存者可能会错误地将施虐者的虐待行为定义为他或她只是不想发生争吵，或者只是暂时需要一点个人空间以缓解紧张的氛围。心理虐待的施虐者把最小化和规范化他们的有毒行为的责任推给幸存者，并期望幸存者能承受更多的虐待。当幸存者不再为施虐者所做出的伤害行为找借口时，就已经是帮自己的大忙了。对幸存者来说，有一个问题很重要：你会用他人对待你的方式对待他吗？如果答案是否定的，那么心理虐待就更容易被识别了。幸存者要抵制任何程度的隐瞒，真相是残酷的，但揭露真相是必要的。

第二部分

从心理虐待中康复的六个阶段

Healing from Hidden Abuse

A Journey Through the Stages of Recovery from
Psychological Abuse

/ 第四章 /

第一阶段——绝望

当幸存者第一次接受有关心理虐待的康复咨询时，很多人甚至不知道自己曾遭受过虐待。他们知道自己的生活失控了，所以他们想寻求答案。有些人还不了解施虐者对他们所做的一切。在咨询刚开始时，幸存者（往往）处于情感混乱、焦虑、抑郁或想要自杀的状态，有时甚至上述情况皆有。我们首先要做的是保证幸存者的生命安全，不让他们伤害自己。一旦确信了这一点，我们就要开始确定幸存者感受到的绝望究竟是怎样的。康复的第一阶段可能是人生中最可怕的时期。幸运的是，随之而来的几个阶段让希望的曙光开始闪耀。

我对每个来访者做的第一件事就是评估他或她伤害自己的可能性。坦率地讲，作为一名治疗师，我必须先确认我的来访者是否有自杀的风险。有时，心理虐待对幸存者的生活产生的改变是如此之大，甚至会使他们陷入严重的抑郁之中。他们还不知道自己已成了提线木偶，被像木偶师一样的施虐者玩弄于股掌之间。他们仅仅意识到自己不能再像过去那样生活了，而这的确是事实。但是，自杀并不是问题的解决方案，并且永远不是。在这里我要说明一下，假如你发现自己为任何可能会做出自我伤害的想法和念头感到害怕，请你诚实地把这些告诉某个人，就像我要求我的来访者所做的那样。你可以告诉某个朋友、某个治疗师、打急救电话，或者到最近的急救室寻求帮助。有许多方式能帮助人们走出自杀的深渊，我希望你能得到你所需要的帮助。如果一个人因为施虐者而伤害自己，心理虐待康复社区的所有人都会为此感到难过。在这段艰难的旅程中，我们与你并肩作战。

一旦确定来访者没有自伤的风险，我们就会开始澄清来访者所体会到的绝望感是怎样的，逐步揭开在他或她身上到底发生了什么。没有任何两个人的心理虐待故事是相同的，但它们通常会有一些相似的情节。在后面的"第二阶段——学习"中，我们将会看到幸存者的故事有一些相似之处。就像我之前讲过的，心理虐待康复社区的志愿者经常开玩笑说，"有毒的人"一定有某种指导手册，因为他们似乎都学会了相同的肮脏伎俩以对付毫无戒心的人们。

当我开始和一个新的来访者一起工作时，我通常会问他或她为什么找我或其他治疗师进行咨询。我总是把需要来访者与治疗师合作这一部分加入进来，因为我不认为自己适合为每个来访者提供咨询。如果我那样认为，那我就需要看一看自己是否有一些不切实际的想法了。当来访者和治疗师决定一起工作时，融洽的咨访关系和通过相同的视角看待生活是两个非常重要的因素。我不会和所有预约咨询的人都建立咨访关系。通常，第一次咨询用以判断我与来访者在价值观和人格上是否匹配。如果不匹配，我很愿意将来访者转介给其他我熟识且信任的治疗师。如果你遇到一个治疗师，发现他或她不适合你，那就继续找其他治疗师。从心理虐待中走出来是一个非常复杂的过程，所以如果可能，尽量找其他人陪你一起完成。在网上也有很多同辈支持的资源。我写本书的部分原因是希望发起一个活动，由当地的同行建立一个读书团体或小组。这样幸存者就能在一个安全的环境中享受彼此见面的乐趣，一起度过康复的六个阶段。

> 我写本书的部分原因是希望发起一个活动，由当地的同行建立一个读书团体或小组。

当我与来访者初次见面时，我会问对方许多问题。我因喜欢打断别人说话而"臭名昭著"。当我在咨询的过程中第一次这样做时，我会马上向来访者道歉并解释，我必须时不时地控制谈话的节奏，这样我才能在来访者的描述中找到某种模式。如果一个来访者持续不断地讲自己的故

事，而不停下来听听自己究竟在说什么，那么心理虐待隐藏性的本质就
会被忽略。这种形式的虐待之所以阴险的原因之一便是，我们很难把正
常的关系（无毒的关系）中存在的问题与虐待关系中存在的问题分开，
这就像把骨头和骨髓分开一样难。乍一看，大部分有毒的遭遇看起来都
很正常。不和谐的事经常在同事、家庭成员、朋友和爱人之间发生，没
有人会反驳这一点。只有当我们将把幸存者的生活被搅得天翻地覆的虐
待关系中的冲突，与正常关系中的冲突区分开来时，治疗工作才算真正
开始。

对于大多数决定进行心理咨询的幸存者而言，当来到我的咨询室时，
他们都已经精疲力竭了。在康复的六个阶段中，绝望阶段的范围很广，
可能从幸存者刚开始困惑自己为什么会被如此对待，一直到需要立刻进
行医学治疗以使身体和情绪状态保持稳定。上述情况是两个极端，而大
多数人都处在中间的某个位置。但所有幸存者共同的问题在于，他们会
在脑海中回放与施虐者有关的对话和情景，他们在寻找自己被如此恶劣
地对待的原因。心理虐待给幸存者带来的困惑是最难理解的。我经常听
到幸存者这样说："这个人有些不对劲，我知道自己不完美，但我不会像
他这样对待他人，一般人也不会这样做。"确实如此。一般人不玩那些心
理虐待的施虐者所玩的有毒的游戏。然而，幸存者想到这些游戏时却仍
会责怪自己，这是最大、最悲哀的讽刺。

在绝望阶段，心理虐待的幸存者想知道自己究竟出了什么问题。他

们可能会问：“为什么我不能改变自己以让这段感情继续下去？”“为什么我不能强大到可以承受这一切？”以及“为什么我现在一团糟？”这些正是施虐者所喜欢的自我怀疑和自我厌恶的问题类型。为什么？因为自我厌恶的幸存者没有精力关注谁才是真正的问题所在，谁才应该做出改变。这些问题是“烟雾”和“镜子”，这是“有毒的人”喜欢它们的原因。只有这样，施虐者才能拥有颠覆性的统治权，进而对周围的世界进行破坏。

一些幸存者之所以一直相信自己有问题、有缺陷、不够好，是因为他们从来没有看到那些被施虐者隐藏起来的虐待。不是他们不想，而是因为他们一直在错误的地方寻找答案。在治疗中，我们开始由浅入深地消除施虐者有意或无意地在幸存者身上种下的谎言。这些幸存者与那些发现自己卷入邪教的人没有什么不同。从心理虐待造成的虚假意识中解脱出来是康复的必要步骤。否则，这些谎言将继续在幸存者的内心长久地存在，并且在幸存者与施虐者断绝往来后的很长一段时间内导致幸存者的精神陷入困境。这确实会发生，而且不论施虐者是家人、同事还是朋友。从心理虐待中康复需要幸存者识别施虐者的谎言，并且认识到这些谎言是施虐者用来操纵他们的工具。在你所经历的虐待关系中，你发现了哪些谎言？

在治疗中，我们开始由浅入深地消除施虐者有意或无意地在幸存者身上种下的谎言。

第一次咨询结束后的一周内，我没有听到任何一个人告诉我说，"我不能再这样继续下去了"。我认为这句话充满了力量，它可以作为治疗早期的一种预警信号。如果来访者说出这样的话，表明某种形式的变化可能正在发生，或者至少即将发生。如果人们感到无法继续维持一段关系、无法继续在某个地方工作、无法继续维持一段友谊、无法承受有毒的配偶所造成的压力、无法面对不切实际的有毒的家庭义务，或者无法做任何其他的"我不能再这样继续下去了"的事情，其原因都是情感过载。每个人都拥有不同水平的情绪容纳能力（Emotional Capacity），它决定了我们能否在一条并不适合我们的路上继续走下去。如果幸存者的情绪容纳能力较强，它就会使他们在受虐待的环境中坚持得更久。但是，这并不是一件好事。另一方面，高水平的情绪容纳能力也可以帮助幸存者疗愈并真正康复。由此可见，在面对施虐者时，幸存者身上的优势可能是一把双刃剑。

我们需要明白，不能继续做某件事并不一定是坏事。我曾经多次看到，一些内心强大的幸存者在认为"我不能再这样继续下去了"之后，都在生活上做出了重大而必要的改变。这就是为什么康复的第一阶段被称为"绝望"。幸存者在第一阶段的感受常被描述为悲痛欲绝，其中包含的疲惫程度有时很难解释。如果你曾遭受过心理虐待，就知道绝望时内心深处的感受是怎样的。此时，再多的睡眠也无法拯救疲惫和受伤的灵魂。

在康复的六个阶段中，第一阶段的挑战在于，我们要弄清楚幸存者是否已经度过了真正绝望的阶段。对他们而言，变化的时刻即将到来，还是这只是暂时的低谷。幸存者会重新回到过去的模式中吗？幸存者固然可以强迫自己沿着设定好的治疗路线继续走下去，但这并不意味着他们的神经系统和健康状况能够支撑这一决定。我坚信我们的身心之间存在紧密的联系，如果我们继续做伤害自己身体健康的事，那我们的幸福也必然会受到影响。我曾亲眼看见心理虐待导致来访者的健康和情绪同时崩溃。

> 幸存者固然可以强迫自己沿着设定好的治疗路线继续走下去，但这并不意味着他们的神经系统和健康状况能够支撑这一决定。

我可以告诉你的是，一旦幸存者的身体开始垮了，其坚持的信念就很难维系下去。有些施虐者的"毒性"已经达到了中度或重度水平，他们会毫无保留地以任何可能的方式伤害甚至完全摧毁幸存者。

作为一名治疗师，我以态度直接而著称。我不会拐弯抹角，不会回避艰难的谈话。我经常问来访者的一个问题是："你选择自己还是施虐者？"事实上在第一阶段，大部分人的回答是他们不知道，其实这很正常。在第一阶段，来访者的状态还没达到做出任何重要决定的时候。在这一阶段中，大多数幸存者与施虐者断绝往来的行动并不会持续下去，他们很快就发现自己又回到了原来的关系中，这也很正常。我坚信，我们不应该草率地做出任何长远的决定，除非我们确信那个决定是正确的。否则，我们盲目地做出的决定最终也只是向施虐者发出一些毫无意义的威胁，后续根本无法贯彻到底。对于心理虐待的施虐者来说，这种来自幸存者的反复行为只会让他们更加坚信自己已经牢牢地控制住了幸存者。即使是最坚强的人，只要受到施虐者短暂的情感控制，也会发生改变。

许多时候幸存者向我描述他们的"过去的自我"，但坐在我面前的这个"前受虐者"身上只有一些微弱的曙光。有些人甚至连一点微光都没有，完全深陷当前的痛苦中。简而言之，绝望阶段并不美好。在这一阶段，有些幸存者已经意识到，施虐者给他们的生活带来的混乱使他们失去了自己的事业。在这一阶段，许多来访者需要接受住院治疗以使自己的身体和情绪状态恢复稳定。对一些人来说，这是一个极度孤独的阶段，因为没有人知道他们的内心正在经历着怎样的痛苦。一些幸存者非常善于把卷入一段心理虐待关系给自己的生活造成的不良影响隐藏起来。他们把这些藏起来不让任何人知道，而这恰恰是"有毒的人"最喜欢的，因为一个孤独的受害者最容易被控制。对许多人来说，进行咨询是他们唯一能够与他人分享在自己的生活中真正发生了什么的机会。我非常荣幸自己能以无比谦卑和感激的心态去帮助他们，和他们一起了解事情的真相。

幸存者对外界隐藏自己"伤口"的原因还有很多，可能是因为他们和一个很有名的人结婚了，如果心理虐待的事实被他人发现，对另一方的社会关系将会产生不好的影响。谁会相信，一个在家中令人害怕的家长与公众眼中的圣人是同一个人呢？既然没有任何人会认真对待这件事，幸存者为什么还要多费口舌呢？有些幸存者不愿意放弃他们辛苦打拼的稳定的事业，即使他们在工作中会遭遇心理虐待。他们每天都摆出游戏人生的样子，期望以此克服自己的绝望。

无论原因是什么，当你发现自己正处于康复的第一阶段（绝望）时，最重要的是，你已经开始康复之旅了。许多康复项目都相信"一天只做一次"的座右铭，我是这一观念的强烈倡导者。对于今天而言，这已经足够了。对于今天而言，你需要做点什么让自己前进一步呢？对于今天而言，你需要做出什么决定才能对自己的生活秩序恢复正常有一点帮助呢？先等一下，请注意，没有人期望你是完美的，所以请你帮自己一个忙，抵制急欲治愈的冲动。就像治疗身体上的伤口一样，如果我们创造出适宜康复的环境，而非不断地挑开身上的伤口，那么伤口就会以更快的速度愈合。情感愈合与此类似。当我们一起走过剩下的五个康复阶段时，我们就是在为你的康复创造一个适宜的环境。一小步一小步地前进，而不是一下子迈一大步，否则你会看到自己又回到了起点。

> 就像治疗身体上的伤口一样，如果我们创造出适宜康复的环境，而非不断地挑开身上的伤口，那么伤口就会以更快的速度愈合。情感愈合与此类似。

请你在这里停一下，去找一把尺子，或者从你的手机里搜一张尺子的图片。找到了吗？当你看这把尺子时，记住任何人都不可能一下从1厘米到达10厘米。在康复的第一阶段——绝望，我们只要求尺子上的小黑线有所增加就好。每次做出一点微小的改变最终能让幸存者从绝望中走出来，慢慢进入康复的第六阶段——维持。在你之前，很多人都经历过这一过程，所以你并不孤单。你能像他们那样做吗？当然可以，如果你愿意慢慢地朝着治愈这一目标前进，你就会成功。我们必须揭开依然隐藏在意识下的许多信息，而保持缓慢、稳定的步伐是最好的选择。

在心理咨询的某个时候，几乎每一个心理虐待的幸存者都会问我这样一个问题："你怎么知道我不是那个有毒的人？"这是一个合理的问题，但它也表明在受到隐性虐待之后，人们对自己产生的怀疑的程度。我的回答是什么呢？熟悉这种伤害形式的治疗师会仔细倾听幸存者讲述的故事，并在施虐者与幸存者之间进行的语音信息、电子邮件及手机短信的交流中看到虐待的模式。谁是扭曲事实、制造混乱的肇事者会变得非常清晰。心理虐待的微妙本质会使幸存者对自己的心理健康产生怀疑，但在康复之旅中他们能重拾信心。

在康复的早期阶段，幸存者经常这样描述"有毒的人"："他或她就像完全变了一个人一样"。幸存者在谈论这个人的时候，就好像他们在谈论一个好人和一个施虐者，这种状况面临的真正挑战在于它与现实脱节了。"有毒的人"并不是一个本质上可爱的人内心装着一个偶尔会跳出来作怪的邪恶的双胞胎人格。事实上，他们是一对邪恶的双胞胎，只不过他们中的某个人碰巧也有愉快的时刻。幸存者要与自己对"有毒的人"的行为进行区别对待的渴望做斗争，并将"有毒的人"视作一个对自己的健康有危害的有机整体。其实，那些少数的"美好时刻"往往非常混乱，而且会阻碍幸存者的康复。我并非让幸存者将注意力全都集中在消极的事情上或者始终保持痛苦的状态。我只是想让人们全面地了解心理虐待的施虐者，他们不是由很多碎片组成的一个拼图，我们不能把他们拆开且每次只看其中一小片拼图。幸存者必须把整个拼图拼起来才能看清整个画面。

在绝望阶段，幸存者可以自救的一种方式是不要过度压抑自己的愤怒。通常，幸存者会把自己的生气、愤怒甚至暴怒的情绪推到一边。为什么他们会这么做？因为有这样一种观点，即一个好人是不会让愤怒的情绪控制自己的。因愤怒而失控是明智的表现吗？当然不是，但过度压抑自己的愤怒也不可取，并且这样做可能会导致更多的问题。幸存者允许自己的愤怒情绪高涨——因为他们的生活受到施虐者的影响——应该成为做出改变的动力。为了保持成长和改变的动机的强度，有时幸存者需要视觉上的刺激以提醒他们曾经经历的痛苦。例如，有时候，人们会在网上发现一些表情包、图片或名言警句，这些都是关于某一真相的核心内容。与之类似，愤怒的情绪将唤起幸存者对施虐者的真实厌恶感，促使他们去做自己应该做的事，增强他们做出改变并使自己变得更健康的动力。如果我们不能直面现实，就不可能康复。幸存者对可能发生了什么、正在发生什么或将会发生什么的漫无边际的幻想，对其从心理虐待中康复十分不利。然而事实是，对于一个疲惫的灵魂来说，即便拥有改变当前的生活状况的强烈愿望，但想要看清眼前那些难以看清的真相仍然是一件很艰难的事。

有时候，人们会在网上发现一些表情包、图片或名言警句，这些都是关于某一真相的核心内容。与之类似，愤怒的情绪将唤起幸存者对施虐者的真实厌恶感，促使他们去做自己应该做的事，增强他们做出改变并使自己变得更健康的动力。

第五章

第二阶段——学习

　　心理虐待确实十分隐蔽，所以也常常被误解。然而，这恰恰是施虐者所使用的策略的一部分，他们利用这一点维持虐待的隐蔽性并确保自己的控制力。如果受害者无法向他人描述自己所受到的伤害，康复也就无从谈起。学习和了解心理虐待的施虐者常用的虐待他人的方法就是康复的第二阶段的内容。刚踏上康复之旅的幸存者应该学习和了解下列术语与心理虐待的关系：

- 煤气灯操纵；

- 恶意宣传；

- 飞猴；

- 自恋攻击（Narcissistic Offense）；

- 间歇性强化（Intermittent Reinforcement）；

● 理想化、贬值和抛弃阶段（Idealize, Devalue and Discard Phases）。

当然，还有其他一些术语，但是对于康复的第二阶段来说，这些术语已经足够了。对那些寻求从心理虐待中康复的人来说，学习和了解这些术语是一个很好的开始。

煤气灯操纵？飞猴？我知道，与心理虐待相关的部分术语刚开始听起来可能有些奇怪。可一旦你了解了它们的确切含义，就会明白这些词语在你的生活中是如何发挥作用的。

煤气灯操纵

煤气灯操纵是什么意思？这是一个好问题。早在 20 世纪 40 年代，就有一部名字与之类似的电影《煤气灯下》（Gaslight）问世。这部电影讲述了这样一个故事：一个丈夫想让自己的妻子表现得像个"疯子"。我不会剧透他为什么要让自己的妻子变得不稳定，只说明他有计划地摧毁了妻子的世界观及其对自己的信心就够了。他是通过现在被称为"煤气灯操纵"的洗脑术来完成的。

当一个施虐者点亮煤气灯时，他或她会通过设置情境使目标怀疑自己对情境的记忆和评估。施虐者这样做是为了让幸存者变得不自信，进而只能把自己的一切全权交给施虐者。当然，如果目标真的像施虐者展示给他们看的那样不可靠，他们又怎么可能照顾好自己呢？而这正中施虐者的下怀。下面所列举的例子只是为了表明某一点而虚构的，如有雷同，纯属巧合。

- 你试图指出伴侣说的话有多么伤人，但他或她并没有听你在说什么，只是重复你对他或她说的话的其中一部分。你一再重复自己的观点，而对方只回应其中的一部分。在这个持续不断的循环往复中，你会离原来的问题越来越远。最后，你的伴侣厉声说道："如果你连自己说的话都记不住，我们之间怎么可能有良好的沟通呢？"你向伴侣道歉，因为你觉得他说的是事实。在与伴侣的对话中你迷失了自己，但你的伴侣没有。因此，你认为一定是自己出了什么问题。

- 你确定自己把一份重要的文件放在办公桌上，当天晚些时候开会会用到这份文件。但当你去拿的时候，却发现文件不见了。你找遍了整张桌子，甚至开始在办公室的其他地方寻找。你的慌乱被有毒的同事看在眼里，他或她问你在干什么，你向他或她讲述了事情的经过。有毒的同事说："是这份文件吗？我在复印室里看到了它。"并且把文件递给你。你非常困惑，因为你确信自己没有把文件放在复印室。你的同事看着你一脸困惑的表情说："幸好我帮你找到了这份文件。"你向这位同事表示了感谢，同时你觉得自己真的很没用，连重要的文件都保存不好。

● 你的婆婆喜欢提醒你关于你丈夫的所有前女友的事情，以及她们和家里的其他家庭成员有多亲密。其中一位前女友仍然偶尔来你家共进晚餐并在客房留宿，就像她是这个家的"另一个女儿"一样。你的婆婆毫不掩饰地对你说，她很遗憾那个女孩没能成为她的儿媳妇。你和婆婆之间的关系明显有点紧张。她不断地提起你丈夫的那位前女友的行为让你感觉很不舒服，但你试着克制自己。你提醒自己，你的丈夫最终选择了你而不是其他女人。当你和你的丈夫及婆家人一起临时去参加一个活动时，你发现自己没有合适的衣服。不用担心，你的婆婆有办法。她走进客房，从壁橱里拿出一件你穿上可能有点小的裙子，并且狡猾地说："你也许可以穿这件，这是蒂芙尼（Tiffany，你丈夫的前女友）的裙子"。你站在那里目瞪口呆，你的婆婆把你丈夫的前女友的衣服放在客房里，现在竟然拿给你穿，而你的丈夫也认为婆婆让你穿这件裙子没有什么不对。这件事让你感觉很不舒服，但他们却认为这件事没有什么不对。是你有问题吗？也许你真的很脆弱且缺乏安全感。这不过是一件裙子，一件你穿上有点小的裙子。你的婆婆并非有意要伤害你的感情，对吗？

● 你在一个被告知成功是衡量一个人的价值的唯一标准的家庭中长大。对于你而言，不论做什么事，成功都是不言而喻的目标。有时，甚至是公开声明的目标。显而易见，如果你没有成功，就会给你的家庭带来严重的负面影响。你在生活的每个方面都力求完美。有一天，你在学校获得了一个很有声望的奖项。你很兴奋地期待与父母分享这个消息，希望他们为你自豪。你甚至有些迫不及待，但当你兴奋地将这个消息告诉他们时，他们却面无表情地看着你说："我们把你养这么大不是为了让你如此傲慢！你以为你是今天唯一一个有好消息的人吗？为什么你觉得在这个家里你比其他人更重要？"你并非有意想表现得无礼，你只是很想告诉他们这个消息而已，于是你认为或许自己真的是一个无礼的人。看一看你总是那么努力地获得的愚蠢的奖项，你的父母是对的，你太自以为是了。

从上述几个煤气灯操纵的例子中我们可以看出，心理虐待非常狡猾和虚伪。这是它被称作"隐性虐待"的一个原因。当施虐者使用煤气灯降低幸存者的自我意识时，是在让幸存者的心里滴血，而且他们十分清楚自己在做什么。他们希望在其他人看来幸存者很小气。他们希望幸存者质疑自己且怀疑自己掌控现实的能力。他们希望幸存者支离破碎，以便他们更好地控制和嘲笑幸存者。

当施虐者使用煤气灯降低幸存者的自我意识时，
是在让幸存者的心里滴血。

恶意宣传

如果心理虐待的施虐者不能让幸存者怀疑自己并继而自我厌恶的话，他就一定会用其他人的反对意见攻击幸存者，当然，施虐者也可能同时使用这两种策略。恶意宣传意味着一方面施虐者隔离幸存者，让他或她只能向施虐者寻求"帮助"；另一方面证明施虐者在"治疗"幸存者的过程中的行为是合理的。

一场精心策划的恶意宣传，看起来可能就像以下这些虚构的场景。

● 你的一个同事和你说，在开一个重要的会议之前，他把一份重要的文件落在了你的办公桌上，但你并没有看到那份文件。为了找到那份文件，你把整张桌子翻了个底儿朝天。当你紧张地走进会议室时，那个同事手里正拿着那份文件。当你问他为什么说把文件放在你的桌子上时，他却说自己从未这样说过。他把目光投向会议里那些重要的领导，并假装"关心"你的记忆力是否出现了问题。

● 你的婆婆（或岳母）问你的孩子："你想去看电影吗？"当然，孩子兴奋地回答："想去！"于是，你的婆婆（或岳母）并没有询问你或你的配偶，孩子能否去看电影，她回到她的房间为出发做准备。当她从房间里出来准备出发时，刚得知这件事情的你不得不告诉她，孩子今天不能去看电影，因为提前有其他安排了。现在，你的孩子因失望而崩溃，你的婆婆（或岳母）站在那里假装难过并抱怨道："我想要的仅仅是和孙子一起度过美好的一天而已。"

- 你的朋友邀请你参加一个派对，并且告诉你这是一个非常随意的泳池派对，你被告知要穿着泳装去参加派对。到达派对现场后你才发现，这是一个泳池边的鸡尾酒会，而你是唯一一个穿着泳装的傻瓜。你的朋友冷嘲热讽地大声说："看，有一个人就是不遵从指示！"大家都笑了起来，你看起来就像一个不遵从指示的傻瓜。

- 你是家里四个孩子中的一个，现在你们都成年了。其他三个人会定期聚一聚，但从不打电话邀请你。当你终于决定表达自己被排斥的感受时，你和他们中的一人说了这件事，却发现很多年前你的父母就曾告诉他们三个人，你不喜欢他们。他们被告知你和他们不是一伙儿的，这当然不是真的。你试图向他们三个人解释你们的父母说了谎，但他们并不相信父母会做这样的事，他们认为你在责怪两位老人。这只会加剧你与其他家庭成员之间的不和，因为怎么会有人说自己的父母是骗子呢？但他们确实是骗子，他们也的确说了谎。

飞猴

"飞猴"这一概念来源于电影《绿野仙踪》（*The Wizard of OZ*），想一想影片中的坏女巫是怎样利用飞来飞去的猴子帮助自己做邪恶的事就很容易理解了。自恋者、反社会者和精神病态者也有自己的飞猴。我从不怀疑你和这些"长着翅膀的人"（即飞猴）有过接触。"有毒的人"操纵两种类型的飞猴帮助他们做邪恶的事：第一种是无辜的人，这类人并不知道有心理虐待这回事；第二种是故意装作没看见心理虐待的人。"有毒的人"拥有令人难以置信的能力，他们可以控制他们的帮手以虐待幸存者，这是他们故意为之，所以他们不会弄脏自己的手。如果在虐待行为发生时，施虐者和幸存者并不在同一个房间，那我们就很难把责任归咎于施虐者。施虐者使用飞猴这一策略就像是他拔出手榴弹上的击针并站在安全的距离远远地观看爆炸的发生。施虐者是实施"犯罪行为"的人，但在"犯罪现场"，他们的踪迹却无处可寻。因此，施虐者非常聪明。我这样详细地说明是为了证明施虐者的行为不是随机的。施虐者必须让所有的棋子都发挥作用，并且让自己看起来永远不像坏人。我从不相信自恋者、反社会者和精神病态者对自己的行为一无所知。他们招募飞猴加入其黑暗阵营的能力令人震惊。

> "有毒的人"拥有令人难以置信的能力，他们可以

> 控制他们的帮手以虐待幸存者，这是他们故意为之，所以他们不会弄脏自己的手。如果在虐待行为发生时，施虐者和幸存者并不在同一个房间，那我们就很难把责任归咎于施虐者。

让我们先来看看那些真的不知道自己正被施虐者利用的飞猴。这些人是诚实的，他们真的不知道自己正在被他人利用，这是第一种类型的飞猴。他们应该知道吗？或许是吧。他们把头埋在土里，或许是为了不去看那些太丑陋的真相。有些人以沉默纵容心理虐待，这是第二种类型的飞猴。不管怎样，首先让我们继续关注那些真的不知道心理虐待的人。一种可能的情况是，一个人通过施虐者的恶意宣传听说了关于幸存者的谎言，但他或她对施虐者的了解除了其公众形象外再无其他，而施虐者的公众形象通常是正直的公仆或领袖。于是，毫无戒心的飞猴错误地替施虐者承担了他们犯下的罪行。举一个幸存者与有毒的公公和婆婆相处的例子。有毒的公公或婆婆喜欢在所有朋友面前抹黑他们无辜的儿媳妇，甚至不惜用"鳄鱼的眼泪"证明他们的儿子娶了一个冷酷无情的女人，正是这个女人把他们的儿子从充满爱的家庭中夺走了。虽然这并不是事实，但是对"有毒的人"来说，事实是怎样的他们根本不关心。这些作为施虐者的公公和婆婆的行为引起了毫无戒心的人们的同情，实际上他们并不了解施虐者患有人格障碍，因为施虐者在自己家里和在公众场合中的表现完全不同。

有一天，幸存者和配偶在超市购物时遇到了公公和婆婆的一个朋友。这个朋友瞥了幸存者一眼，接着开始长篇大论地讲述自己的儿媳妇有多好。这时，幸存者及其配偶就遭遇了意想不到的飞猴，这个朋友并不知道真相是什么，只是听信了幸存者的公公和婆婆的一面之词。在对他人进行评判之前，这个人应该花时间了解他人的真实情况吗？当然应该，但是这个人并没有这样做。相反，他或她对他人的态度完全建立在那些其认为值得信任的人的言论基础之上。这些所谓的"值得信任的人"的外表看起来和其他人一模一样。所以，又有谁会想到在家庭内部还隐藏着虐待行为呢？

就像上述例子一样，这种类型的飞猴会扇动着翅膀告诉你，你需要如何更好地与自己的父母、公婆、主管、同事或朋友相处。这种人基本上是在听完施虐者的恶毒谎言后，就不加分辨地捧着一枚定时炸弹朝着你的方向飞过来。当他们看到你时，就会让情绪化的炸弹爆炸。他们是为施虐者（或"邪恶的女巫"）服务的。这种类型的飞猴并没有认识到自己对他人造成了伤害，他们并不了解施虐者和幸存者之间关系的全貌。他们是幸存者耳边恼人的噪声。这些飞猴的存在提醒我们，施虐者多么希望人们看不起幸存者。飞猴的存在还强调了一个事实，心理虐待的施虐者没有任何道德准则，他们利用无辜的人作为爪牙，进一步残忍地伤害被当作替罪羊的幸存者。

> 这种类型的飞猴并没有认识到自己对他人造成了伤害，他们并不了解施虐者和幸存者之间关系的全貌。他们是幸存者耳边恼人的噪声。

第二种类型的飞猴意识到了隐藏的虐待，他们看见了这种虐待并在某种程度上也喜欢这样的虐待。他们和施虐者一起玩这个"游戏"并给予他们鼓励。我知道这些人简直就是疯子，但不管怎样这就是事实。这种类型的飞猴可以化身为灰姑娘的恶毒继姐妹，甚至可能是那个更刻薄的继母。在童话故事中，灰姑娘的继姐妹在助长恶行方面起着至关重要的作用，而这也正是这种类型的飞猴的功能。他们对施虐者及其行为起鼓励作用。当施虐者抱怨他们虐待的对象时，飞猴就在一旁煽风点火、挑起仇恨，他们甚至给施虐者提供更多的信息以对付幸存者。当提到第二种类型的飞猴时，我经常想到的是一群功能失调的家庭成员聚在一起谈论一个不在场的替罪羊的画面。我仿佛还看到几名员工，他们的阴谋是让另一名员工看起来不称职。他们也可能是几个同伴，嘴上说自己不八卦，但每次聚在一起时似乎总是在谈论同一个人。聪明的飞猴们可能并不成群结队，但他们也是有毒的个体，他们的危害和施虐者一样严重。他们的支持助长了虐待行为，所以他们也有罪，是心理虐待的共犯。

飞猴无处不在，只要有心理虐待的施虐者存在之处，就至少有一只飞猴在其周围游荡。在职场中，"有毒的人"可能是一名消极的员工，他气走了每一个被指派来与他一起工作的新同事。在每个新同事崩溃并引发混乱后，施虐者的主管负责将烂摊子弄得更加糟糕，就像施虐者一样。主管并不处理有毒的员工，而是寻找下一个受害目标并将他或她带给施虐者。飞猴主管从来没有解决过有毒的员工给其他同事造成的问题。主管和施虐者也许在工作之外相处得很好，也许他们已经相识很多年了，或者主管和施虐者正在一起跳着害人的"舞蹈"。不管理由是什么，施虐者的有毒行为在公司里是被允许的，所以需要飞猴来掩盖施虐者的长期不良行为。

自恋者、反社会者和精神病态者有能力把很多人变成飞猴，他们的这种能力不应该被轻视。他们甚至有能力操纵心理咨询过程及一些治疗师。是的，治疗师也可能会成为飞猴。有些人知道自己被"有毒的人"利用了，于是他们向治疗师寻求帮助，可如果他们的治疗师也是一个"有毒的人"，那么治疗师可能会助纣为虐，帮助施虐者进一步伤害幸存者。与施虐者站在同一条战线上对抗幸存者会给有毒的治疗师带来一些快乐，我相信这种情况很少见，但我知道在现实生活中这种病态的关系确实有。绝大多数成为飞猴或成为施虐者的工具的治疗师都没有意识到自己遭遇了什么。他们被未发现的心理虐待操纵，其程度之深使他们看不到自己作为一个治疗师的价值。甚至，许多受过训练的心理健康领域的专业人士，一开始也很难意识到隐藏的关系虐待。作为治疗师，即便受过专业的训练且拥有一定的洞察能力可以帮助我们进行判断，但有时也很难把虐待问题与夫妻之间常见的那些问题区分开来。因此，心理虐待康复治疗的开始阶段具有很大的挑战性。如果治疗师没有敏锐地意识到隐性虐待的信号和线索，就有可能成为施虐者的飞猴。

自恋攻击

自恋攻击是指自恋者、反社会者和精神病态者对无辜的人做了错误的事，并完全推卸自己的责任。你不要被"自恋攻击"这几个字迷惑了，就认为这种行为仅适用于自恋者。事实并非如此，人格障碍患者有一个过度膨胀的自我，即便是最小的挫折他们也难以承受。大家常常争论，与一般人相比，人格障碍患者更容易犯罪是否因为他们缺乏安全感。事实是，他们并不缺乏安全感。我能理解为什么有人得出这样的结论，因为"有毒的人"表现出来的行为看起来是在掩盖其不安全感或脆弱的自我，但从治疗的角度来看，那根本就不是不安全感。如果幸存者从施虐者很脆弱、很容易受伤（如没有安全感）的角度看待虐待，那就非常危险。这完全淡化了施虐者准确知道自己在做什么的事实，他们是自由选择继续伤害他人。有些人甚至从掠夺周围人的幸福中获得能量或乐趣。尽管这听起来很吓人，但事实就是这样。

自恋攻击解释了为什么施虐者并不是缺乏安全感。施虐者并不希望自己的任何缺点或缺陷被指出来。有些人会争辩说，自恋者、反社会者和精神病态者试图通过支配和控制他人来处理自己的不安全感。由于幸存者认为，施虐者与不安全感做斗争是对其恶劣行为的合理解释，所以最困难的就是让幸存者意识到"有毒的人"并非缺乏安全感。尽管我们可能不想承认，但当想到某个人在和自我怀疑做斗争时，我们就会心软，这就是人性。事实上，与其说心理虐待的施虐者缺乏安全感，不如说他们对被冒犯很敏感，他们期待所有事情都按照自己的计划进行。

> 由于幸存者认为，施虐者与不安全感做斗争是对其恶劣行为的合理解释，所以最困难的就是让幸存者意识到"有毒的人"并非缺乏安全感。

我们每天接收到的信息都在告诉我们，我们并不完美。对此，我们会自嘲一下，然后继续生活。但是，有人格障碍的人（自恋者、反社会者和精神病态者）却并非如此。他们努力不让自己表现出任何脆弱，因为脆弱会暴露他们的缺陷，但他们相信自己没有任何缺陷。他们可能会在某些时候哭着说他们知道自己是一个有缺陷的人，可一旦那个瞬间过去，他们就又回到最初那个傲慢的自己。他们掩盖自己本性的努力常常被误认为缺乏安全感。他们的行为背后的动机令人十分困惑。这并不是由人格障碍导致的自我怀疑。我们看自恋型人格障碍或反社会型人格障碍的诊断标准就会发现，没有症状显示他们要与真正缺乏自信做斗争，而是诸如"浮夸"这类词出现在诊断标准中。有些人掩盖（隐藏）了他们的浮夸，但是它仍然存在，只是躲在了伪装好的面具之下。毫无疑问，"有毒的人"拒绝承认自己拥有一般人都有的缺陷和弱点。他们认为自己不是一般人，他们试图不让自己犯错，而这一行为让他们看起来和拥有一个脆弱的自我的人非常相似。事实上，正是生活向施虐者展示了他们并不完美这一事实与他们认为的完美的自我形象相冲突，因此他们愤怒地予以反抗。

　　自恋攻击经常发生在当幸存者试图将"有毒的人"所犯的错误展示给他们看，或者和他们谈论生活中显而易见的需要改变和成长的部分时。心理虐待的施虐者不会接受这些好心的建议，他们要么猛烈抨击，要么沉默应对，有时甚至会用几种不同的方式惩罚幸存者。他们的这种过分夸张的反应往往让幸存者哑口无言。起初，幸存者会因自己没有注意措辞而自责。然而事实是，没有任何一种方式可以用来向自恋者、反社会者和精神病态者提出建议，或者与他们谈论对他们不满意的地方。他们不会认真对待幸存者提出的任何问题，事实上，他们会反将一军，让幸存者承担责任。于是最后变成幸存者有错，幸存者过于无礼、不尊重他们、让他们苦恼。人格障碍患者不喜欢人们指出他们的缺点，不管对方多么温和地指出来，他们都难以接受。

间歇性强化

人们被洗脑的主要方式是间歇性强化。B.F. 斯金纳（B.F.Skinner）提出了一个术语叫"操作性条件反射"。施虐者运用这种条件反射训练幸存者焦虑地预测施虐者何时会短暂地加强他们之间的联系。施虐者对幸存者的注意力和情感投入没有任何（固定的）规律或理由。有时可能是因为幸存者遵守了施虐者的规则；而另一些时候，施虐者的行为完全无法预测。因此，没有固定的模式供幸存者学习，以规避施虐者带来的麻烦。我知道这听起来有点复杂，我举个例子吧。

一个男孩喜欢一个女孩。这个女孩表现得好像她也喜欢这个男孩，但她有可能是一个自恋者（甚至有可能是反社会者），所以她对男孩的典型反应充其量是不理智的。男孩很努力地避免做那些女孩明确表示不喜欢的事情（她通过尖叫、喊叫和大声喊男孩的名字等行为来表明）。可男孩不小心做了一件女孩不喜欢的事情，但女孩却表现得很喜欢。男孩感到十分困惑，因为他以为女孩会发怒。有时男孩做女孩喜欢的事，但女孩却对他很生气，男孩感到更加困惑了。女孩突然失踪了两周，没有和男孩联系。为了知道她在哪里及他们之间究竟怎么了，男孩一直给女孩打电话，但女孩不接电话。在男孩绝望无助时，女孩突然又出现了，并且表现得像什么事都没发生过一样。女孩告诉男孩，她只是太忙了，并不是不想搭理他。男孩很高兴，他的生活终于恢复正常了。

现在，多读几遍上述故事，你就拥有了一个间歇性强化的活生生的例子。男孩很困惑，他就像踩在蛋壳上或坐过山车一样，不得不随着女孩的情绪变化上下翻滚。但是，最重要且必须指出的是，女孩的情绪并没有发生变化，因为她本来就喜怒无常。她在训练那个男孩，目的是让他失去平衡。一些"有毒的人"会大声说他们喜欢让别人失去平衡。所以，假如有人对你这样说，请赶紧远离他。这是一个危险的信号，警示你正在和一个心理虐待的施虐者对话。在上述故事中，男孩认为事情会逐渐变好，女孩会停止她那些非常奇怪的行为，因为毕竟他们之间曾拥有过美好的时光。可事实上，这种情况并不会出现，期望出现奇迹是不现实的。"有毒的人"难以长期维持任何关系。就像我之前提到的，他们在成长的过程中缺乏健康的依恋，但他们拒绝面对自己的缺陷，因而为自己无法建立稳定的关系创造完美的借口。他们中的大多数人甚至承认正常的关系对他们来说很无聊。他们在操纵他人精神的"游戏"中长大，在他们的人生中，混乱总是如影随形。因此，一段没有或很少有真正依恋的关系反而让他们感觉更舒服。就算不以混乱为乐，他们也不喜欢过正常人的生活。

　　　　"有毒的人"难以长期维持任何关系。就像我之前

> 提到的，他们在成长的过程中缺乏健康的依恋，但他们拒绝面对自己的缺陷，因而为自己无法建立稳定的关系创造完美的借口。

　　间歇性强化也会发生在职场或家庭中。你不知道自己该期待什么或者施虐者高兴时你会感到宽慰等现象，可能预示着你正在被施虐者间歇性强化，被逼着和他一起"跳舞"。我曾在网上看到一张海报，上面写着"施虐者并不是每天都在虐待他人"。简而言之，这就是间歇性强化。间歇性强化带来的问题在于，幸存者永远不知道下一个温暖而模糊的时刻会在什么时候到来，或者下一次虐待什么时候会敲门。间歇性强化是一个强有力的情感操纵策略，也是施虐者最喜欢的策略。不知道下一秒会发生什么可能会让幸存者陶醉其中，但在他或她还没有意识到的时候，"游戏"已经开始了。间歇性强化导致幸存者体内的肾上腺素飙升，产生应激反应。间歇性强化在幸存者身上造成了生理方面的变化，从而使人上瘾，难以摆脱。但是我们要相信，从这种不健康的联结中解脱出来是有可能的，我们将在第四阶段——界限中对此进行详细阐述。

理想化、贬值和抛弃阶段

　　如果将心理虐待关系比作一段生命历程，那么现在我们要讨论的就是其中的主干部分。我再次强调一下，下述三个阶段并不仅仅出现在恋爱关系中，它们可能出现在各种不同的关系中。

理想化

理想化阶段是从操纵者（即施虐者）和他们的新目标第一次见面时开始的。一旦你成了施虐者的新目标，他们就会紧紧地抓住你，打听和搜集他们能得到的一切关于你的信息。他们这样做是为了让自己能够成为完美的浪漫伴侣、同事或朋友。在这一阶段，任何幸存者都会感到自己非常幸运，因为自己遇到了一个如此优秀的人。这个完美的人成了幸存者的导师、最好的朋友，甚至是灵魂伴侣。施虐者是如此小心地掌握好分寸，以让"游戏"恰到好处地进行下去。他们表现得刚刚好，这样他们的诡计就不会被发现。悲哀的是，事情正如他们预期的那样发展下去。你完完全全是你自己，但施虐者却是变色龙。施虐者会刻意变成你想象中的那个人。

在恋爱关系中，"糖衣炮弹"这个术语十分合适。当一个"有毒的人"想用表达爱意的手段淹没幸存者时，就会使用糖衣炮弹策略。这一策略在恋爱关系中通常会快速发挥作用，它是通过增加身体的化学物质（即催产素和多巴胺）进行的。其实，在幸存者身上发生的这种化学变化是正常的，任何一个陷入爱情的人都会这样。但是，在心理虐待中，这一问题之所以严重是因为幸存者体内的这种化学变化是人为操纵的。为了满足自己的权力感和控制欲，施虐者会操纵幸存者的情感，但幸存者对此却一无所知。幸存者认为自己遇到了一个好人，甚至可能是自己生命中的"唯一"。

> 但是，在心理虐待中，这一问题之所以严重是因为幸存者体内的这种化学反应是被人为操纵的。为了满足自己的权力感和控制欲，施虐者会操纵幸存者的情感，但幸存者对此却一无所知。幸存者认为自己遇到了一个好人，甚至可能是自己生命中的"唯一"。

在职场中，理想化阶段看起来更像是某个人想要成为幸存者的指导者。施虐者可能快速而疯狂地与幸存者交往，目的是为了让幸存者尽快地分享尽可能多的私密信息。施虐者通过这种方式加深两个人之间的"联结"，让幸存者对施虐者产生依赖，进而毫无戒心。这样，施虐者就能够了解幸存者的希望、梦想和失落，以及其想达到的目标。接着，幸存者的这些个人"财富"就会被施虐者掠夺和利用，或者仅仅供他们享乐。对一般人而言，我们很难相信人们是否真的能从这类病态的游戏中获得乐趣，但对施虐者而言，事实的确如此。我们必须接受这样的现实，只有这样幸存者才有可能开始康复之旅。

贬值

接下来的贬值阶段发生在幸存者完全上钩之后。幸存者对施虐者的依赖已经建立起来了，因为这段新关系幸存者觉得自己是世界上最幸福的人。然而现在，他或她正从虚假的宝座上跌落下来，然后重重地砸在水泥地上。在这个阶段，幸存者所遭遇的是令人难以置信的情绪混乱。当幸存者的世界突然崩溃时，贬值阶段就到来了。还记得之前所有的糖衣炮弹和额外关注吗？现在它们全都变成了石头，一块接一块地砸向幸存者。幸存者身上的瘀伤也一块接一块地出现。幸存者所谓的"完美"的恋爱对象、指导者或朋友突然开始与他们对立。在生活中，这是最令人沮丧的事。那些曾经向自己表达过满腔爱意和深切尊重的人，怎么会突然变得如此阴暗并开始虐待他人呢？我只能说，欢迎你来到人格障碍患者的邪恶世界。

自恋者、反社会者和精神病态者会挑选那些能帮助他们提升自我的人作为目标并因此臭名昭著。施虐者"挑选目标"的标准可能是目标的外貌、年龄、智力、事业成就、家庭、朋友等。一旦目标在理想化阶段上钩了，"有毒的人"就开始撕下面具，丢掉最初吸引目标的美好特质。就这样，这段关系开始进入贬值阶段，所有的痛苦也随之而来。就像我之前提到的，"有毒的人"不会选择弱者作为他们的目标。幸存者普遍存在的一个误解是，施虐者会选择弱者作为施虐的对象。相反，为了展示自我，心理虐待的施虐者通常会选择身边最强大、最具挑战性的人作为目标。施虐者认为，如果把一个独立、优秀的幸存者变成一个只能依赖他人、再也不能在没有施虐者帮助的情况下做决定的人，将会是一种巨大的成功。施虐者常常抱怨幸存者变得越来越弱，但这正是施虐者的行为导致的，责备幸存者正是对他们最大的侮辱。当幸存者意识到自己在这段关系中发生了怎样的变化时，他们会感到非常羞愧。

有不少幸存者会和施虐者一起一直待在贬值阶段。他们沉溺于在理想化阶段所获得的美好感受，绝望地试图回到过去那充满魔力般的时光，那段感觉自己非常重要的时光。可是，那样的时光再也不会回来了，因为那仅仅是放在鱼钩上用来捕获他们的诱饵。在这段关系中，没有什么东西是真实存在的，所以自然也就无法"复活"。有些人想知道施虐者是否会真的爱上目标或对目标产生感情。答案是，这取决于你对爱的定义。施虐者的确会在一些瞬间表现得他们在意某个人，但那是因为在那些瞬间这些爱的行为能为他们服务。幸存者必须记住，施虐者的所有互动都是为了满足他们本身和他们的需要。"有毒的人"表现出来的任何激情和赞赏在某种程度上都能使他们获益。如果你对爱的定义是希望看到另一个人真正开心地过着充实的生活，那么上述问题的答案就是否定的。心理虐待的施虐者不会感受到爱，他们只能模仿爱情的表面模样。有些施虐者在行为上表现得很好，但那都是经过精心策划的。

抛弃

目标上钩了（理想化阶段），目标在情感上受到了伤害（贬值阶段），现在大结局开始了，施虐者开始拒绝目标（抛弃阶段）。抛弃阶段与其他类型的关系的结束阶段有很大的不同，原因在于幸存者不仅仅失去了这段关系，而且整个人格都被粉碎了。幸存者的身体也常常因心理虐待而出现问题，他们的自我认知已经改变。通常情况下，对幸存者而言，伴随着虐待而来的是对正常生活方式的巨大损害。在抛弃阶段，幸存者的生活是不安全的、动荡的。此时，不管是施虐者的行为还是幸存者的反应，都有一系列的表现形式。对于大部分幸存者而言，与施虐者的相遇改变了他们的一生。心理虐待对不同的幸存者的生活产生的影响有所不同，这在很大程度上取决于虐待究竟是发生在亲密关系中、职场中、同伴群体中还是家庭中。施虐者越接近幸存者生活的核心，对幸存者造成的伤害就越严重。

施虐者对幸存者的抛弃往往是邪恶的、可耻的。我听过各种各样关于抛弃的故事，它们让我为幸存者感到悲伤。如果你曾被施虐者抛弃过，我相信你肯定也留下了很多"伤疤"。被抛弃的幸存者就如同一个人被从一辆行驶中的汽车里直接扔出来。也许你是那个主动结束这段关系的人，我知道从这段关系中逃脱出来非常不容易。当幸存者选择离开这段虐待关系时，往往是因为他们已经别无选择，只能离开。他们已经尝试过任何可以让这段关系继续下去的方式。但不管他们如何努力地满足施虐者的需求，他们做的都永远不够，他们永远不够好，总是在某些方面犯错。

还记得约翰博士和我关于心理虐待模式的研究项目吗？在这项研究中，有一个问题是，是什么让幸存者与施虐者断绝往来。我将会在下一章中讨论这个问题，但在这里我想和你分享一下298名幸存者对下面这个问题的回答："促使你和施虐者断绝往来的断裂点是什么？请提供具体的事例说明。"在这298个回答中，最常见的情况是，幸存者由于施虐者的极端暴力行为离开了他们。被残酷地对待或严重地被伤害是幸存者最终决定结束这段关系的原因。针对这个问题，回答不涉及某种爆炸式的结局的人很少。只有通过完全打破才能终止这一灾难，因为当进入抛弃阶段时，幸存者早已与施虐者彻底绑在了一起。

就像你看到的那样，理想化、贬值和抛弃三个阶段是理解心理虐待关系的基础。幸存者常常想，如何将这三个阶段与其他类型的关系中的一般阶段区别开来，这个问题很好。正常的关系是如何发展的呢？

两个人相遇了，他们互相吸引。他们开始花很多时间待在一起，向对方送许多表达爱意的纸条和礼物，不停地煲电话粥。他们的脑海里时时刻刻想着对方。但随着时间的推移，他们之间的矛盾显现出来。他们对曾经做过的事情看法不一，争吵也更频繁了，但他们都在努力平息争论，让关系继续下去。最终，一方或双方都意识到他们之间的关系无法再继续下去，于是他们分手了。以后他们可能还会见面并谈论起这段关系，以此作结。但不管怎样，那段关系结束了，不会再有持续一生的纠缠。

正常的关系的结束和心理虐待关系的破裂之间的区别就在于行为背后的动机。在正常情况下，两个人都希望能遇到和自己相伴一生的人，双方都以最大的诚意开启和维持这段关系。双方都有能力建立健康的依恋关系。但是，在一段心理虐待的关系中，只有幸存者是正常的，而施虐者是为了满足自己的权力欲望和打发时间。上述两种关系的类型完全不同：一种是正常的，一种是虐待型的。

当我们结束康复的第二阶段——学习时，我希望你明白，心理虐待康复社区中使用的很多词汇，对理解心理虐待及治疗过程有很大的帮助。我认为以本章中的八个术语作为康复之旅的开始十分恰当。随着康复之旅的继续，你会发现更多能让你产生共鸣的内容。

/ 第六章 /

第三阶段——清醒

当幸存者确认他们的绝望是由于遭受心理虐待（第一阶段），并且学习了施虐者伤害他们的特定方式（第二阶段），清醒的时刻就会到来（第三阶段）。这是整个康复阶段的重点，其中有许多"啊哈"的顿悟时刻出现。幸存者已经可以描述他们经历了什么，学会了新的术语，并且不再感觉自己被困在虐待关系中。在这一阶段，幸存者可能会开始感觉自己拥有了可以走完康复之旅的力量。然而，就像生活一样，有好日子也有坏日子。常见的情况是，幸存者可能会倒退至绝望阶段，然后再回到清醒阶段，这是正常现象。这是从心理虐待中完全康复并重新建构新生活的必经过程。

这个阶段也可能是愤怒情绪真正登上舞台的阶段。人们常说，清醒阶段的激烈程度是幸存者从未经历过的。在这一阶段，幸存者可能会说：

　　"我相信在这个世界上真的有邪恶的人，并且我亲眼见到了。"

　　"我所经历的事情其实是可以描述和命名的，其他人知道我经历了什么！"

　　"那个怪物让我觉得我才是问题所在！"

　　"事实证明，我从来就没有疯。"

　　"我不敢相信他们曾经这样对我。"

　　看到上述观点了吗？这些都是很好的觉醒。有时我们只需说出自己的想法就好，而不必担心语言是否贴切。从心理虐待中康复包括你有做真实自我的自由，而不必因担心冒犯那些挑剔的施虐者而小心翼翼地斟词酌句。你知道应该怎么做吗？做你自己就好。这就是清醒阶段我们致力于做到的事情。这是一个接受"你怎么敢这样对我"的阶段。这是一种觉醒，但并不像蝴蝶从茧中醒来那样柔软、微妙的重生。这是一种推倒围墙般的觉醒，有时也是一种愤怒的觉醒，这绝对是一个苦乐参半的过程。充分地意识到心理虐待的破坏性是必要的，虽然这并不简单。同时这种认识又令人异常失望和痛苦。疯狂的混乱在这个阶段停止了，但是重新建构生活却还没有完全发生。

　　清醒阶段包含觉察的涌现，但随后绝望可能再次袭来。在这个阶段曙光开始展露，幸存者开始看到，他们正在与一个披着人皮的邪恶"怪物"打交道。但是，在这个阶段，清醒的感觉或者清晰的感觉很难保持，就像用拳头紧握沙子时，沙子会从指缝间滑落一样。幸存者前一分钟还充满力量，下一分钟他们可能就会因为想念施虐者而哭泣。其实，在他们的内心深处仍希望施虐者能改变。有些人试图接受这样的借口：施虐者有一个悲惨的童年或者有其他创伤经历，是过去的经历让他们做出如此恶劣的行为。让我们承认自己爱着一个恶人这一事实非常困难，尤其当这个人是我们的父母、兄弟姐妹、珍贵的朋友时。但是，我们不能因为接受真相太痛苦就沉溺于谎言之中。

　　遭受心理虐待的幸存者们试图找的另一个借口是，"有毒的人"可能患有某种精神疾病而没有被发现。这有可能是真的，但我作为一名治疗师的经验是，大多数人格障碍患者并没有其他心理疾病或心理健康问题驱使他们做出有害行为。我可以确定的是，并不是所有表现出间歇性情绪波动的人都是自恋者、反社会者和精神病态者。当提到不稳定行为时，我们一般会想到未经治疗的双相障碍，此外还有其他人格障碍（如边缘型人格障碍）等，它们与自恋型人格障碍或反社会型人格障碍的特征不同。创伤后应激障碍的患者也常常表现出一些推开他人或混乱矛盾的行为，我们在自恋者、反社会者和精神病态者身上也会看到这些行为。然而，双相障碍、边缘型人格障碍及创伤后应激障碍是由各种各样的原因导致的。与心理虐待中的自恋者、反社会者和精神病态者相比，患有其他心理障碍的人的行为有不同的内在动机。真正重要且需要记住的是，"有毒的人"缺乏共情能力。被诊断为双相障碍、创伤后应激障碍甚至是边缘型人格障碍的人，仍然能够感受到自己的行为对他人造成了伤害，他们有共情能力、能真切地关心他人。然而，自恋者、反社会者和精神病态者则主动选择不与周围的人建立依恋关系。

真正重要且需要记住的是，"有毒的人"缺乏共情能力。

对幸存者而言，学会描述自己经历了什么是一件非常重要的事。但在绝望阶段，这是不可能做到的。如果有专门的语言能够描述他们的遭遇，他们就有能力表达自己的痛苦，也能更快地发现心理虐待并进行治疗。作为一名治疗师，我能看到学习对来访者产生的巨大影响：有一套通用的语言帮助治疗师和幸存者更加清晰地交流，并且在交流过程中，来访者顿悟的时刻开始增多。在清醒阶段，幸存者的一个共同的反应是他们开始学会"不相信"了，他们能平静地进行自我调节，不再像施虐者企图让他们深信不疑的那样脆弱。在这一阶段，在咨询室里，许多幸存者在沉默片刻后能够把想要弄清楚的所有东西都说出来。幸存者们深吸着平静的空气并享受其中。他们不再是被施虐者用线牵引着的无知无觉的傀儡。我经常使用的另一个比喻是心电图的电极。心理虐待的施虐者希望有尽可能多的手段恐吓幸存者。但在康复之旅的清醒阶段，幸存者开始能够扯掉粘在他们身上的每一个电极。当他们这样做时，施虐者就无法直接控制他们的身体或内心了。在这一阶段，幸存者与施虐者的关系可能并没有发生任何实质性的改变，但幸存者的内心已经发生了显著的变化。有时这种变化会从他们的脸上明白无误地显现出来。在这个阶段，幸存者看起来更稳定了，他们说话的声音也恢复到了正常状态。那些被心理"游戏"压垮的人们正在慢慢卸下身上的包袱并重新站起来。他们抬起头，不再只看着地面，开始与他人进行眼神交流。

心理虐待的施虐者缓慢而有条不紊地控制着他们的目标。当一个人觉得自己不能独立做出决策时，他或她很可能正在遭受心理虐待，这是遭受心理虐待的第一个可能的表现。当一个幸存者挣脱施虐者的枷锁并开始从虐待中康复时，他或她可能会意识到自己如何正在被或曾经被施虐者控制。这些顿悟时刻通常发生在幸存者能做出日常的决策时，如穿什么、吃什么、买什么等。在康复的过程中，幸存者能自由地做出这些决定而不用担心被施虐者责备，这可以帮助他们清晰地看到施虐者曾经施加在自己身上的控制水平。这也是复杂的时刻。当幸存者可以庆祝自己的成长而非让羞愧战胜自我时，他们就在帮助自己逐渐走向康复。

在度过了第二阶段——学习之后，幸存者们会有强烈的与其他幸存者团结在一起的想法。人们第一次意识到，在他们曾经历的令人疯狂的遭遇中，他们不是孤身一人。当我成为一名治疗师并期望能更好地理解心理虐待康复者的世界时，我惊讶地发现，在网络上已经存在同伴支持的亚文化。每一个社交平台都有丰富的资源，它们为幸存者提供备忘录、博客文章、论坛版块、在线电台节目、私密讨论小组和学习资源等。作为一个刚踏入网络支持世界的人，集体的温暖和人们张开的双臂让我感到惊讶。就像一个志愿者所说："在遭受心理虐待之后，你很难知道谁可以信任，但你可以相信另一个幸存者。"通过网络认识的两个人常常也能发展出深厚的友谊。我知道，有许多人与其他经历过同样隐性虐待的人在一生中都保持着联系。我在本书的致谢部分中提到的一些人，我从未与他们见过面，但他们是我研究心理虐待康复过程中必不可少的一部分。如果没有这些我从未谋面而只是通过社交媒体进行联络的好心人的支持，本书就不会诞生。他们欢迎我加入他们为幸存者所服务的圈子，对此我非常感激。我认为你也可以拥有类似的互助社区。如果你未曾踏入过网络康复的世界，我建议你试试。

> 人们第一次意识到，在他们曾经历的令人疯狂的遭遇中，他们不是孤身一人。

需要注意的一点是，当你在网上寻找适合自己的从心理虐待中康复的团体和讨论小组时，你可能会遇到一些通常被称为"山精"（trolls）的人，他们喜欢制造麻烦，他们看起来不像幸存者，反而更像匿名混入团体中捣乱的"有毒的人"，就好像他们在现实中制造的麻烦还不够一样。

当清醒阶段开始时，你所得到的支持非常重要。这些关于心理虐待的术语和概念并不是你独自在脑海中翻来覆去地想就能领会的。目前，针对如何从心理虐待中康复，你可以选择个人治疗，也可以选择寻求我刚才提到的网络同伴的支持。我写本书的意图在于为幸存者提供另一个选项：支持小组。我认为，找到其他能"理解"并在个人层面顺利度过心理虐待的人可以增强幸存者的力量。网络支持的匿名性对一些人来说非常好，他们能够使用别名并提出一些可能不敢当面谈论的真正棘手的问题。我知道有些人在遭受心理虐待之后找到了可以信赖的人，并从他们那里获得了很大的帮助。此外，参加面对面书友会也是一个不错的选择。心理虐待的隐蔽性本质使得幸存者很容易被孤立，而面对面的团体能为幸存者的康复提供更多的选择。有时候我们也需要在现实世界中看到一个温暖的微笑、找到一个安全的地方，而这些是在网络上无法获得的。

第七章

第四阶段——界限

当一个心理虐待的幸存者识别了自己的绝望（第一阶段），学习了关于心理虐待的一些特征（第二阶段），现在他或她已经清醒了且有了康复的可能（第三阶段），下一个阶段就是设立界限。这是幸存者选择脱离接触（Detached Contact）或断绝往来（No Contanct）的时刻。这一阶段的重点是，幸存者能够与施虐者拉开足够的情感距离，斩断病态的联结，排除"毒素"，并开始期待自己的康复和新生。设立界限是由幸存者推动的，并且必须要幸存者遵守才能完成。有时，幸存者会放弃对施虐者设立界限，因为设立健康的界限可能意味着关系的终结。对一些幸存者来说，在这个阶段陷入困境很常见。

在这个阶段，我希望所有幸存者都能与专业的治疗师进行面对面的咨询，并从中获得帮助。这样做的原因在于，每一个幸存者的遭遇都是独特的，生活中微妙、细小的差别需要我们对如何设立界限做出个性化的规划。没有一个全能的方案适用于所有的幸存者。幸存者必须设立界限，只有这样治愈才有可能实现，这是最基本的。幸存者内心的伤痛究竟是怎样治愈的呢？我知道一些心理虐待康复社区坚定地倡导断绝往来策略。我完全理解这种立场。作为一名持证的治疗师，在伦理方面，我对来访者没有强制性的要求，我不会要求来访者一定要做我认为对他们有帮助的事。作为治疗师，我们的主要指导方针是不要把我们的意志或偏见强加给来访者。来访者可以决定什么方法在他们的生活中最有效。来访者需要痛苦但诚实地面对他现在或曾经与一个"有毒的人"共同生活这一现实吗？绝对需要。在与来访者打交道时，我不会抄近路，也不会拐弯抹角。我常常开玩笑说，我并不是一个温柔可亲的只会点着头说"再多告诉我一些吧"的治疗师。我会吸引那些与我风格相同且希望进行直接和坦率对话的来访者。我总是说，如果我的治疗方法不适合来访者我就扔一块石头的话，那可能会打中办公室中其他几位很棒的心理治疗师。我经常对我的员工和实习生说，每一个来访者都有适合自己的治疗师，我们没有必要与所有来电咨询的人一起工作。我们有责任帮助那些潜在的来访者找到合适的治疗师，以便帮助他们康复。因为一旦来访者与治疗师在价值观上出现了分歧，就可能导致咨询中断。

> 作为治疗师，我们的主要指导方针是不要把我们的意志或偏见强加给来访者。

所有这些都说明，我不能在主张断绝往来的同时保持自己作为治疗师的伦理。设立界限必须依据幸存者的具体情况来决定。有效的咨询可以帮助幸存者厘清影响其做决定的那些矛盾因素。因为对幸存者来说有帮助的事情，对他们的孩子不一定也有帮助；对他们的孩子有帮助的事情，对幸存者本人不一定有帮助；对幸存者的职业生涯有帮助的事情，对他们的幸福不一定有帮助。这个道理适用于所有情况。然而，在治疗实践中我经常看到的情况是，对幸存者的精神成长有帮助的事，往往可能对他们的职业地位、良好的外在形象和声誉等没有帮助。

其实，真正的挑战经常发生在幸存者遇到我称之为"低水平自恋者"的时候。低水平自恋者符合自恋型人格障碍的诊断标准，如果不加干预，随着年龄的增长和不断成功地攫取权力，这类人的情况会变得更糟。我亲眼看见了这些"毒性"较小的自恋者对幸存者所设立的坚定而清晰的界限做出回应，显然这些幸存者不愿再忍受施虐者的任何胡言乱语。你可能无法立刻同意我的观点，没有关系。我曾看到一些幸存者前来接受心理咨询，他们从来无法畅所欲言或者让别人知道他们的底线。通过心理咨询，治疗师能帮助他们找到心灵的平静及他们内心深处坚定的声音。那通常发生在他们能够说出"我不能再这样继续下去了"的时候。即便状况依然毫无变化，他们也愿意主动从与施虐者的关系中解脱出来。当他们开始设立界限时，他们已经知道自己不会再过曾经那样的生活了，那样的生活可能关乎他们的配偶、老板、家人或朋友。只要幸存者走到了自己决定"不能再这样继续下去"的阶段，选择的权利就已经从"有毒的人"那里转移到了幸存者手中。

当幸存者做出改变之后，我曾目睹过这样的情况："有毒的人"会稍微退缩，或者试图表现得友好一些。施虐者的行为会发生变化是因为，他们可以借此得到一些好处。例如，如果幸存者设立了界限，一个有毒的老板可能会因为幸存者还是一个有价值的员工而做出一些改变，其目的仍然是拔高自己的形象。如果一个试图施加控制的配偶对当前的婚姻状况比较满意且不想回到单身状态，那么他或她在受到挑战时有可能会做出让步。有毒的配偶也可能因为经济上的原因希望婚姻能维持下去。心理虐待的父母可能会遵循自己的孩子设立的界限，因为他们不想和孙辈分开。不管施虐者决定稍微收敛一些的原因是什么，幸存者都不应该产生动摇。幸存者必须自己决定一个对他们来说足够健康的生活环境究竟是什么样子的。施虐者会通过自省以让自己的生活更舒适吗？是的，他们会。所有的施虐者都会在意幸存者是否到了"不能再这样继续下去了"的阶段吗？不一定。事实上，大多数施虐者对此并不在意。不管幸存者行使何种权力，都会遭到施虐者全面的攻击。我希望康复社区的倡导者和幸存者能明白，在康复的过程中，没有一种方法可以适用于所有情况。

> 我希望康复社区的倡导者和幸存者能明白，在康复的过程中，没有一种方法可以适用于所有情况。

现在，让我们回到"有毒的人"的这一话题。根据"毒性"的不同，他们有一个分布范围。位于低毒性一端的是临床上可诊断的自恋者，他们会在能满足自己利益的情况下对表现出来的"毒性"加以管理。位于高毒性一端的则是反社会者和精神病态者，他们毫无顾忌地彻底摧毁其他人的生活。极度自恋者与反社会者和精神病态者很接近，考虑到这类人会对幸存者的幸福造成极大的危害，幸存者需要审慎地权衡自己的选择。我以喜欢这样告知幸存者而闻名：如果他们不能严格遵守断绝往来的规则，我就不能继续与他们合作。这与我前面所讲的内容是否互相矛盾？一点也不矛盾。我说过，从伦理上讲，我不会要求每一个幸存者都做到断绝往来。但是，我并没有说我会和那些用自己选择的"药物"自杀的幸存者建立治疗关系，而所谓的"药物"就是心理虐待的施虐者。这就好像一个来访者坐在我对面的沙发上，但他或她已经给自己注射了致命剂量的海洛因。难道我真的会坐在那里，等着他或她注射"药物"，并试着和他们谈论设立界限吗？这是不可能的。当幸存者意识到他们与施虐者之间的关系正在慢慢地杀死自己时，我们就必须谈谈为什么他们不选择过自己的生活，而非要取悦施虐者。这是最极端的情况，一旦这种情况发生了，断绝往来是让幸存者的生活回归正轨的唯一选择。

对幸存者来说，要想知道有毒的人对他们的生活造成的全部影响，最有效的方法就是通过"平衡生活模式"来看待它。这个模式涉及七个方面：

- 工作／志愿服务／学习；

- 身体健康；

- 精神成长；

- 友谊；

- 亲密关系；

- 养育方式（如果适用的话）；

- 兴趣爱好。

一个比较好的日志练习是写下这样一个问题，"我与××（'有毒的人'的名字）的关系是怎样影响我的……"。接着一条一条地列出清单。例如：

- 我与苏（或鲍勃）的关系是怎样影响我的工作的？

- 我与苏（或鲍勃）的关系是怎样影响我的身体健康的？

- 我与苏（或鲍勃）的关系是怎样影响我的精神成长的？

  ……

你已经知道怎么做了，坚持下去，记录有关自己的平衡生活模式涉及的七个方面。

做这项练习的另一种方式是这样写：

● 维持这段婚姻（或这份工作）对我的事业有什么影响？

● 维持这段婚姻（或这份工作）对我的身体健康有什么影响？

● 维持这段婚姻（或这份工作）对我的养育方式有什么影响？

……

把上述七个方面都写下来。

这项练习的目的是向幸存者清楚地展示出，与施虐者保持联系、仍然留在有毒的地方工作是怎样对幸存者生活的方方面面产生影响的。有时候，当幸存者完成这项练习后，他们惊讶地发现，心理虐待对他们的生活产生的影响是有限的。但是，如果他们处在几乎致命的境地，那他们生活的许多方面都已经被破坏了。

当我们决定设立界限时，如果我们还怀疑自己对情况的评估是否准确，那么界限就很难设立且很难维持。幸存者常常怀疑自己是否反应过度或过于敏感，而心理虐待的施虐者也喜欢对幸存者提出这类指控，因此幸存者很容易落入他们的陷阱，认为他们说的这些话是真相并慢慢内化。如果一个人的行为表明他对我们和我们的健康缺乏尊重，那我们就需要设立健康的界限。在实际应用时，界限不一定是夸张的或强悍的，它也可以是安静的和稳定的。例如，当我们只是拒绝与一个"有毒的人"

进行争论时，我们就是在设立良好和健康的界限。设立界限之所以困难的另一个原因是，我们在内心深处会担心，设立界限这一行为表明我们拒绝宽恕他人且心怀怨恨。事实并非如此，界限与宽恕或怨恨没有关系，它只与我们在日常生活中与其他人交往的质量有关。

> 当我们决定设立界限时，如果我们还怀疑自己对情况的评估是否准确，那么界限就很难设立且很难维持。幸存者常常怀疑自己是否反应过度或过于敏感。

许多幸存者用自己的方式度过了第一阶段——绝望、第二阶段——学习和第三阶段——清醒，却发现自己在第四阶段——界限"瘫痪"了。在这一时刻，他们不知道自己该去往何方。他们意识到自己需要就现在的状况做一些重要的事。但是，那些可能的后果把他们吓坏了。我曾经看到一些幸存者回到施虐者的身边，试图假装他们不知道那是一个有害的环境。这充满了讽刺的意味，对吗？否认也是心理虐待中不可忽视的一个重要组成部分。否认指的是我们忽视那些摆在我们眼前的事实。否认要求幸存者拒绝接受自己遭受了心理虐待这一事实。如果幸存者选择在这里停止康复之旅，那也是他们的选择，我们依然爱他们。研究显示，人们要想离开一段不健康的关系需要经过很多次尝试。我希望每一位幸存者，不管他或她选择了什么样的道路，都能在这段旅程中和书友会中感到自己是受欢迎的。心理虐待康复社区的工作人员就在这里支持和鼓励你，不会让你因没有做我们认为你应该做的事情而感到羞愧。

还有一些幸存者很想知道应该怎样设立界限。让我们一起看一看我在咨询实践中设立界限的两种方式：第一种我称之为"脱离接触"，第二种叫作"断绝往来"。

脱离接触

脱离接触不仅指幸存者限制自己与施虐者接触的时间，更是指幸存者内心的一种姿态。此时，幸存者与施虐者之间仍然有互动，但在互动的语言和氛围上已经与揭露和理解这种虐待之前截然不同。在脱离接触过程中，重要的是幸存者的情感状态。脱离接触达到什么程度完全取决于幸存者需要什么。幸存者根据自己从心理虐待中康复的需要，决定是否仍然与施虐者保持某种程度的联系。在康复之前，施虐者可以任意地对幸存者呼来唤去。施虐者充满仇恨的话语深深地刺痛了幸存者，恶劣的心理游戏也把幸存者推向一个混乱的境地。可一旦踏上康复之旅，幸存者就有可能因为各种原因选择脱离施虐者。现在幸存者完全且彻底地了解和意识到，如果他们继续待在有毒的环境中，他们将要面对的是什么。这是一个重大的权力转移。在生活中的许多不同情形下，脱离接触都能发挥作用。有些幸存者可能会选择维持婚姻关系，但他们可以有策略地逐步与施虐者脱离接触。学习具有强大的力量，能帮助幸存者在生活中做出正确的决定。

> 在脱离接触过程中，重要的是幸存者的情感状态。

当我和一个新的来访者一起工作时，我要做的第一步常常是让幸存者试着从情绪和身体上限制自己与施虐者的接触。我们试着让来访者一小步一小步地远离施虐者，以帮助他们"排毒"。但是，如果幸存者的人身安全已经迫在眉睫，那缓慢的"排毒"是行不通的，此时断绝往来是唯一的选择。事实上，找我做咨询的来访者通常不会处于这种极端的状况。绝大多数来咨询的人仍然拥有生理和心理上的安全感，他们会仔细考虑自己的决定，制订经过深思熟虑的计划而不是下意识地做出反应。

脱离接触可以从一些具体的行为开始。例如，不要立即回复"有毒的人"的电话，而是等 30 分钟后再回复。通常，当施虐者发出"跳跃"的信号后，如果幸存者不跳其就会感到焦虑，这段时间刚好可以让幸存者尝试克服焦虑。在脱离接触的后期，可能包括不再和有毒的同事进行长时间的私人谈话。但是现在，幸存者只需要把谈话内容控制在表面程度即可。对于幸存者而言，他们从施虐者那里争取来的迈向独立的每一小步对其康复过程都非常重要。当幸存者可以温和而坚定地改变一段有毒的关系的发展方向时，他们就能获得自信，这也有助于幸存者"解毒"。当一段虐待关系中的创伤联结（间歇性强化）已经建立起来时，幸存者是否有可能在不完全断绝往来的同时打破他们被奴役的情感链条呢？毫无疑问，答案是肯定的，多年来我每天都能看到类似的情况发生。脱离接触是一段艰难的旅程吗？毫无疑问，答案也是肯定的。但是，直接切断与施虐者的所有联系同样艰难。当心理虐待的施虐者已经把"毒素"传播出去后，幸存者就再也没有轻松的选择了。我想强调的是，从心理治疗的角度看，即使在幸存者仍然与施虐者保持联系时，治疗也可以而且确实已经发生了。问题的关键在于，幸存者所处环境的"毒性"的程度及它对幸存者产生的影响。这也是当幸存者要对有毒的关系做出重大的决定时，专业的心理咨询格外有效的原因。

　　不同的幸存者所遭遇的生活剧变的差异可能是巨大的。例如，一种剧变可能是与不住在同一个屋檐下的男朋友或女朋友绝交；而另一种则可能是结束一段长达 30 多年的婚姻，同时还要考虑子女和孙辈的问题。同样，一个人可能需要决定是否辞掉他或她已经做了五年的工作，而另一个人则要决定是否因为合作者是一个心理虐待的施虐者而卖掉自己的部分生意，这两者之间的差异也非常大。坦白来讲，我对非精神卫生专业人士声称的脱离接触是唯一真正有效的康复方式的观点越来越感到厌烦。这是他们仅仅基于自己的经验得出的一种错误的观点，而他们却要把这种观点应用于生活在截然不同的环境中的人身上。你需要记住的是，作为幸存者，你必须清楚自己的所有观点。当晚上躺在床上时，你必须要对自己的人生选择感到满意。我没有生活在你的世界里，心理虐待康复社区里的其他倡导者也不可能生活在你的世界里。你要做对自己有帮助的事，这些事可能包括脱离接触，但也可能不包括。

脱离接触在有毒的家庭关系中也很常见。许多幸存者不愿意仅仅因为家庭中有一个（甚至可能是几个）施虐者就放弃与整个大家庭的联系。他们可能也不愿意把所有的亲戚都从自己孩子的生活中剥离出去。在这种情形下，幸存者怀揣希望，想通过脱离接触找到合适的情感距离和物理距离。如果这种方法行不通再进行断绝往来，这也是最安全的选择，对此我们稍后再进行探讨。如果脱离接触是要达到的目标，那为了达到这个目标幸存者需要怎么做？在每一种情形下其做法都可能是不同的。在试着帮助来访者寻求合适的脱离接触的方式时，我经常会问对方以下问题：

- 在过去，什么做法是有效的？
- 在过去，什么做法是行不通的？
- 何种程度的接触开始让你感到焦虑？
- 谁是可以信任的人？
- 谁是施虐者？
- 在一天结束的时候，有哪些事情是成功的？
- 在一天结束的时候，有哪些事情如果发生了会让你感到沮丧？

基于对上述问题的回答，我们可以制订一个联系计划。想把脱离接触做得很好需要花费一定的时间，但我看到有些幸存者做到了。不管怎样，如果幸存者选择继续保持联系，那么自我照顾是他或她应做到的最基本的事。可是在有些情况下，不管幸存者对这段关系的感受如何，他或她没有其他选择，如必须与施虐者共同行使监护权或照顾年迈的父母等。学习如何在情感上分离并意识到自己内心的对话对幸存者的康复至关重要。脱离接触是指在面对"有毒的人"时能在情感上与其保持一定的距离。这并不是说幸存者要完全限制自己与施虐者接触，也并非要求幸存者在与施虐者接触的过程中始终处于压倒性优势或紧绷的状态。如果在与施虐者保持联系的过程中，幸存者的状态是恐慌的，那康复的趋势必然会受到影响。对幸存者来说，他们可能想和经验丰富的治疗师、生活教练一起工作，探索适用于自己的特定方法以做到健康水平的脱离接触。他们想知道的是如何控制自己的想法，用积极的内在信息替代消极的内在信息，以及如何在自己的日常生活中设立有效的界限。

> 脱离接触是指在面对"有毒的人"时能在情感上与其保持一定的距离。这并不是说幸存者要完全限制自己与施虐者接触，也并非要求幸存者在与施虐者接触的过程中始终处于压倒性优势或紧绷的状态。

当你在制订自己的脱离接触计划时，需要注意以下几点。

- 脱离接触是否成功取决于你从健康的人们那里获得的支持水平。这不是关于你的支持系统中有多少人的问题，而是这些支持关系的质量有多高。要想和一个"有毒的人"脱离接触是非常困难的，尤其是在你被孤立、没有人鼓励你、没有人爱你、没有人帮助你的时候。

- 脱离接触开始于幸存者思想的转变。我们想到什么，我们的感觉就会发生什么样的变化。所以幸存者必须时刻警惕并提醒自己，那些扭曲的想法来自自恋者、反社会者或精神病态者。你要与自己的冲动做斗争，不要内化施虐者对你的任何指责。"有毒的人"会试图把诱饵放在你的手中，你必须抵挡诱惑，不要接受他们的任何说辞。在施虐者重新开始他的疯狂行为时，你要记住，"这是他或她的问题，不是我的"这一想法很有帮助，将这样的想法作为精神支柱，它们总能发挥一些作用。

- 就像我之前提到的，我喜欢用聚光灯作为比喻。故事是这样的：一个"有毒的人"做或说了一些可笑的事情，然后聚光灯开始对准他们；但是，如果幸存者的反应是愤怒或其他极端的情绪，聚光灯就会转移到幸存者身上，而这正是"有毒的人"最想看到的。现在，他们不需要为自己的虐待行为负责，问题已经被推给了幸存者。所以幸存者要学会保持冷静，让聚光灯照在有毒的人身上，这对成功脱离接触至关重要。没有人会说这做起来很容易，事实上这很难。但是，在某些情况下我们确实需要保持接触。因此，幸存者必须拥有康复所需的技能。

- 心理虐待的施虐者喜欢重构历史。他们会从过去的经历中提取素材，并在复述故事的过程中完全扭曲实际发生的事情。这可能会激怒幸存者，或者常常让他们感到情绪低落。对幸存者来说，关键在于不要跟着"有毒的人"，避免陷入他们的谎言漩涡。在脱离接触的过程中，幸存者需要掌握一些技巧，冷静而坚定地指出事情的真相。把真相说一遍或两遍，然后就可以了。在脱离接触的过程中，重要的是幸存者一定要指出"有毒的人"所讲的故事是前后矛盾的，让他们意识到这一点。不过，有时当幸存者坚定而非愤怒地反驳施虐者时，施虐者可能会大发雷霆。如果你遇到了这种情况，脱离接触就不是最安全的选项了，断绝往来可能成了唯一的选择，你可能需要和治疗师或生活教练一起工作来度过这段艰难的时期。

- 当一名幸存者能保持稳定且不被"有毒的人"的行为所左右时，施虐者的"疯狂"行为就更加明显了。那些已经掌握了如何控制自己情绪的幸存者，往往会对生活变得如此清晰感到震惊。此刻，他们已经能够识别"有毒的人"制造的混乱，可以清楚地看到他们所说的恶劣游戏。在康复的过程中，幸存者往往会到达他们可以预测"有毒的人"的反应这一阶段。他们不再被施虐者的冲动所左右。幸存者从自己的情感反应中获得了力量。事实是，如果我们不学习怎样管理自己的情绪，他人（通常是"有毒的人"）就会乐意和我们一起管理它们，这些人希望通过一定的手段从我们身上得到他们想要的负面反应。所以，自我控制是一种力量，也是一种治疗方法。

- 一些"有毒的人"会在与他人愉快相处和对他人做出最糟糕的行为之间来回往复。与他们相处就像坐过山车一样，让人感到非常困惑。这也导致幸存者有时可能会觉得有毒的人好像改过自新了。但是，如果一个幸存者想要真正与施虐者脱离接触，最好的办法就是千万不要忘记，自己有可能回到最坏的日子。因为当幸存者认为"有毒的人"已经做出了改变，最后却发现又回到了与过去完全一样的状况时，他们所受到的伤害是最深的。

- 脱离接触意味着幸存者要设立明确的、不容施虐者违反和跨越的界限。"有毒的人"必须清楚地了解幸存者的真实意思并予以遵守。例如，幸存者可以告诉"有毒的人"，如果他们酒后开车，幸存者就不会坐他们的车。最有可能发生的情况是，"有毒的人"指责这是幸存者在试图"控制"他们，而幸存者应该这样回答："我没有说你不能喝酒，我只说如果你酒后开车，我不会坐你的车回去。你喝吧，没人阻止你。但我要保证我自己的安全，这不是你能决定的事。"幸存者要以确信、清楚的语气和声音传达这一信息，不要尖叫，不要歇斯底里。只是陈述事实，不管"有毒的人"接受还是不接受。

> 幸存者要以确信、清楚的语气和声音传达这一信息，不要尖叫，不要歇斯底里。只是陈述事实，不管"有毒的人"接受还是不接受。

● 处于脱离接触阶段的幸存者要接受施虐者本来的样子，而不是希望他们成为的样子。再多的祈祷也无法让一个人做出改变，除非他或她的内心想做出改变。然而，心理虐待的施虐者并不想做出任何改变，因为他们所选择的生活方式正是为自己服务的。接受他们本来的面目和为人，这对幸存者在脱离接触阶段找到康复的方法至关重要。如果你仍在希望、祈祷并期待施虐者做出改变，那就表明你还没有真正清醒。不必和我争辩，因为我知道接受事实非常困难。而且，我的意思也不是让你像接受正常生活中的烦恼一样接受心理虐待。我所说的接受并不等于容忍。我的意思是，如果你还怀揣着希望，期待施虐者有一天可能会变得更好，那你还是尽快放弃这个念头吧。只要你放弃了这个念头，你们关系中的权力就会发生转移。此刻，你才算是清醒地认识了施虐者。只有在幸存者头脑清醒的时候，脱离接触才会发挥作用。

就像你看到的那样，脱离接触这条路并不好走。我常常以成瘾行为的康复过程为例，说明脱离接触和断绝往来之间的不同。断绝往来就像是戒酒或戒毒，你完全不再喝酒或吸毒。以前的酗酒者或瘾君子在他们的余生中再也不碰任何酒精、毒品或药丸，这在物理上是有可能的。同样，心理虐待的幸存者可以切断与施虐者的所有联系，治愈创伤，永不回头。然而，脱离接触更像是克服饮食障碍，没有人可以在完全不吃东西的情况下存活。人们必须每天面对并管理他们所选择的食物。这两条康复之路都很艰难，所以成功者都令人钦佩。通过断绝往来，幸存者可以永远与几乎摧毁了他们生活的有毒之人拉开越来越远的距离。而脱离接触则是在生活中不断愈合的过程，幸存者仍然需要面对施虐者，但他们只投入有限的情感，不再孤注一掷。就像你看到的那样，断绝往来被证明是一种能够让幸存者远离心理虐待的方式。我认为，这正是许多心理虐待康复社区的倡导者都强烈推崇这种方法的原因。然而，对于那些勇敢地面对自己饮食障碍的人和必须使用或自己选择使用脱离接触方法的人而言，你无法告诉他们必须立刻斩断一切。在有些情形下，幸存者无法直接采用一刀两断的办法走向康复。

断绝往来

在某些情况下，对一些幸存者来说，切断与心理虐待的施虐者的所有联系是最好的选择。虽然选择这条道路必然会面临一系列的挑战，可要想彻底清除"毒素"，让一切尘埃落定，断绝往来是最好的方式。只有这样，幸存者才能远离虐待，继续前行。在与自恋者、反社会者或精神病态者交往过程中的某个时刻，许多幸存者都会意识到，这个"有毒的人"对他们的生活没有任何价值。"有毒的人"会完全破坏幸存者的所有好意，在这一刻，幸存者决定与"有毒的人"断绝往来，拒绝继续成为虐待游戏中的棋子。然而，施虐者没有意识到，幸存者已经对他们的荒唐行为感到厌倦，已经找到了从虐待中康复的方法，打算继续坚强地活下去，向前看且不再回头。

如果你的生活条件允许你断绝往来，并且你也发现对你来说这是最好的方法，是你踏上康复之旅所寻求的最佳答案，你需要注意以下几点。

- 你可能会试图放弃断绝往来这一决定。当那些日子来临时，你需要提前做好准备。是的，我说的是"那些日子"，因为这不是一蹴而就的事。你需要提前制订一个稳妥的计划，其中可能包括找其他幸存者来支持自己。

- 许多施虐者试图引诱他们的目标再次回到病态的关系中。记住，吸尘指的是"有毒的人"决定再次回到幸存者的生活中。他们回来了，而且会给出一些他们根本不会、不能也无意遵守的承诺。他们利用吸尘这一策略只是为了加强自己的信念，即只要他们想，幸存者就仍然在他们的控制之下，触手可及。

● 有些吸尘行为并不是通过爱的承诺或重归于好来实现的，而是以挑起一场争论或戏剧性冲突的形式来完成的。施虐者通过这样的伎俩将幸存者拉回来。在我和约翰博士一起完成的研究项目中，大部分幸存者都分享了他们曾有过的不愉快的吸尘经历。施虐者按下了特定的按钮，试图让幸存者重新回到他们的关系中。

● 并不是所有的施虐者都是吸尘者。有些施虐者是吸尘者，有些人不是，我知道这让人很困惑。如果你决定断绝往来，但还没有经历吸尘阶段，那就等着那个"有毒的人"在公众场合的炫耀吧。他们最喜欢的工具就是社交媒体，因为他们可以在社交媒体上呈现自己精心策划的公众形象。他们会试图让他们的虚拟形象看起来尽可能地完美和幸福。你需要记住的至关重要的一点是，心理虐待的施虐者永远不会改变。"有毒的人"会对新的目标重复"理想化－贬值－抛弃"的伎俩。而且，施虐者会伤害那些决定不再与他往来的幸存者，这不仅仅发生在恋爱关系中，在各种关系中（如职场）都是如此。

● 随着与施虐者之间的距离逐渐拉大，你会开始怀疑自己。从本质上讲，时间并不能治愈所有的创伤，但它确实能淡化人们的记忆。这就是为什么在经历过令人尴尬和恐惧的事件之后，我们仍然能够找回原本的自我，甚至能幽默地讲述自己的遭遇。那些与施虐者有关的记忆也是如此。随着时间的推移，你可能会发现自己关于有必要断绝往来的信念慢慢开始动摇。你需要坚持写康复日志、列断绝往来清单，这样，当你需要提醒自己为什么切断与施虐者的所有联系是唯一的选择时，它们就能提供非常大的帮助。我建议幸存者在手机的背面贴一些他们在摆脱虐待之后积极生活的照片，这是为了提醒幸存者，他们坚持用断绝往来的方法是为了保护自己。

> 我建议幸存者在手机的背面贴一些他们在摆脱虐待之后积极生活的照片，这是为了提醒幸存者，他们坚持用断绝往来的方法是为了保护自己。

- 你需要创造一种新生活。这可能意味着你要结交一些新朋友、组建一个新家庭、找一份新工作，或者开启一段新的浪漫关系。也可能以上皆有，这取决于施虐者对你的生活造成的损害程度。在你的生活中，这些新的地方和新的朋友何时到来因人而异。断绝往来意味着把一些有害的东西甩在身后，要么从此远离它，要么用更健康的选择替代它，这需要有一个过程。你曾反复遭受来自施虐者的故意的情感伤害，因此，当你想从虐待中康复时，就要对自己多一点耐心。

- 结束一段关系需要你远离一些难以割舍的东西。无论如何，施虐

117

者的身上还是有一些吸引你的地方，如果他或她一直都是那么糟糕，分手就会很容易。为过去的美好哀悼也是你需要为断绝往来所做的准备工作。

不管幸存者是否选择脱离接触或断绝往来，他们的康复之旅都会面临一个主要障碍：之前施虐者不断对他们重复的那些谎言总是如影随形、挥之不去。施虐者使用了"洗脑术"将某些想法植入幸存者的大脑中。例如：

- 你会孤独终老；
- 这份工作是你达到职业生涯目标的唯一选择；
- 你的家人会永远陪伴着你，而你的朋友总是来了又走。

揭露谎言并用真相替代谎言是幸存者从心理虐待中康复的核心过程。如果你发现度过第四阶段——界限非常困难，请不要灰心。如果有可能，找一个治疗师至少进行几次面对面的咨询。如果你无法做到，也可以寻找一些在线支持小组。也许在当地找一个阅读小组对你来说也是一个不错的选择，请继续尽你所能地寻求帮助。我知道这个阶段很艰难，要想彻底康复，你必须弄清楚怎样进行脱离接触或断绝往来。在心理虐待康复的世界中，没有其他选项。

第八章

第五阶段——恢复

当一个心理虐待的幸存者识别了自己的绝望（第一阶段），学习了关于心理虐待的一些特征（第二阶段），现在他或她已经清醒了且有了康复的可能（第三阶段），并且已经设立了界限（第四阶段），下一个阶段就是恢复正常生活，找回在遭受虐待时被偷走的重要生活事件、稳定的经济状况、健康的身体和心灵，以及其他重要的东西。这是一个令人鼓舞的阶段，幸存者开始切实地看到他们的康复之旅的成果。恢复所需的时间可能比幸存者预期的要更加漫长，所以，在康复的过程中，保持耐心至关重要。如果幸存者没有足够的耐心，就会很容易感到灰心丧气。

幸存者进入第五阶段——恢复的第一个迹象是，他们希望把空闲时间花在与康复无关的活动上。幸存者描述道，当进入这个阶段时，他们关于自我发现的新知识已经非常丰富。此时，通常他们希望远离在线论坛及其他关于自恋者、反社会者和精神病态者的相关资料。幸存者不需要为了多一点时间进行康复治疗就拒绝自己有好感的人或远离让自己愉悦的事。实际上，幸存者把时间花在自己感兴趣的事上是逐渐回归正常的一个积极信号。对于从童年时期就遭受心理虐待的幸存者而言，这种情况在其人生中甚至可能是第一次出现。在这个阶段，幸存者会被新的爱好和丰富多彩的生活方式吸引。这种好奇和渴望是美妙的，可以作为幸存者开启新的冒险活动的催化剂。

在第五阶段——恢复中，幸存者还会遇到一个主要障碍，即有些幸存者有意或无意地相信：如果自己真的重新开始了新生活，那就放过了施虐者；只有自己处在痛苦之中，幸存者才能向自己、施虐者和全世界证明，施虐者对他或她造成的伤害是真实存在的。我完全理解这种想法。从某种意义上讲，幸存者存在这种想法是有道理的。当某种东西被摧毁了，断壁残垣就像纪念碑一样矗立在那里，纪念着被摧毁的一切。这与被烧毁的建筑物或者发生交通事故后残破的汽车并没有什么不同。这些燃烧后的残骸证明了火焰的存在，火焰那样炽热，烧尽了这里的一切。幸存者希望所有的伤痕、碎玻璃和碎金属片都能保留下来，让残缺的建筑物或汽车就留在那里，这样其他人才能看到施虐者对他们造成的真实伤害。但是我们应该明白，这座建筑最终要被修复，汽车要么被修理好，要么被送往垃圾场。不管怎样，生活还是要继续。

在从心理虐待中康复的漫长之旅中，有些时刻幸存者必须选择向前看，让生活继续下去。他们将不得不处理那些让自己焦虑和心碎的内在情绪。虽然幸存者进入了恢复阶段，但这并不意味着施虐者的过错就可以一笔勾销了。你开始向前看，不再纠结于过去，这并不代表施虐者的行为从未对你造成过伤害。恢复阶段的作用就是帮助幸存者重拾希望，这甚至可能是幸存者有生以来第一次感觉人生有了希望。

幸存者要记住，即便余生你一直在破碎中挣扎，也不会对施虐者造成任何影响，这十分重要。他们没有经历过这样的灾难，他们立刻就能在自己的生活中"向前看"，因为施虐者从未与任何人建立过真正的联结。结束与幸存者的欺诈性关系并继续前行对他们来说非常容易。有些人认为，你需要把伤口保留下来，这样才能向全世界展示你真正受到的伤害。这种通过毒害自己来伤害他人的观念臭名昭著。持有这种观念的人会从潜意识里拒绝治愈，拒绝继续向前看，这种人是无可救药的。好好生活并不意味着虐待从未发生，而是意味着虐待并没有彻底摧毁你，也没有导致你无法再修复。你仍然能从虐待中康复，这是一个好消息，而且这个消息应该为所有的施虐者所知。那些"有毒的人"可能从来不会看到你在遭受虐待之后是怎样过上美好的生活的，但你自己可以看到。一旦度过了恢复阶段，你就知道自己的人生不再被施虐者掌控。你可能会真正相信更好的生活就在前方。你知道吗，我的朋友？美好的生活就要来了，我也为你感到兴奋。

　　恢复阶段是一个允许人们开始做梦的阶段。幸存者已经走上了康复之旅，开始把在虐待中失去的东西夺回来。他们不再是痛苦地熬过一天又一天，而是渴望自己能真正地康复，渴望新鲜和活力。到达恢复阶段的幸存者希望填补施虐者造成的那些空洞。在漫长而悲惨的过往中，幸存者生活中很多重要的东西都被偷走或摧毁了。的确如此。我希望你把恢复阶段视为一次做梦的机会，你可以尽情地去梦想！虽然那并不意味着你梦想的事情很快就会实现。因为改变并非易事。如果你不能一点一点地慢慢找回你身上仍然缺失的部分，质变就不会发生。虽然有些东西永远无法被替代，但我们可以通过很多其他方式体验恢复带来的快乐。

　　尽情享受吧。如果你喜欢喝茶，就给自己倒一杯茶。深呼吸，放松下来。当我们开始思考你的生活中需要恢复的方面时，我不希望那最终演变为一个沉重的待办事项清单，你不应该被这个阶段困住。希望是第五阶段的主题，其核心在于所有新鲜事物的到来。如果你发现自己陷入追求完美或不耐烦的情绪中，可以把本书放在一边几个小时（或几天）。之后你回来时它仍然会在这里。每件事的发生都是有原因的，恢复应该在它能够给予生命美好而非负担的时候发生。

　　　　希望是第五阶段的主题，其核心在于所有新鲜事物的到来。

大部分幸存者认为需要恢复的领域有如下几个方面。

● 享受假日、假期或纪念日。

● 财务稳定：偿清债务、增加储蓄。

● 身体恢复健康：享受能量水平的持续增加，治愈身体疼痛和其他疾病。

● 情绪恢复健康：自由自在地生活，或者焦虑、担忧和抑郁水平显著降低。

● 找回在遭受虐待期间被毁坏或盗走的财物。

幸存者无法找回他们在遭受虐待期间被夺走的时间，但失去的物品可以被"挽回"。我喜欢"挽回"（redeemed）这个词，它的其中一个含义是"让某种坏的、令人不愉快的东西变得更好或让人更能接受"。如果一个心理虐待的幸存者从未通过有目的的努力挽回自己失去的东西，那可能意味着施虐者仍然没有被有效约束。他或她的治愈和康复过程也不会有良好的结果。失去的东西就那样躺在地上，继续被"有毒的人"践踏，它们不会再回到幸存者的生活中。在施虐者对幸存者犯下的所有恶行中，对美德的窃取是最令我愤慨的。一个人怎么敢认为他可以大摇大摆地进入他人的生活并肆意摧毁他人生活的方方面面？施虐者的这种十足的傲慢令人震惊。

让我们看一看幸存者如何恢复及如何被拯救的具体例子吧。

享受假日、假期或纪念日

幸存者很想知道，为什么"有毒的人"一直破坏他们的假期、假日及人生中其他特殊的时刻。就像心理虐待的所有康复过程一样，没有一个特定的答案适用于所有情况。有一些理论可以解释为什么幸存者与施虐者在一起时经历了不愉快的假期和纪念日。自恋者、反社会者和精神病态者有依恋障碍，因此，亲密的关系会让他们感觉不舒服。他们故意挑起冲突，目的是在自己和他人之间制造情感距离。但是，一起去度假需要团队合作或彼此之间相互合作，"有毒的人"并不具备这种技能，他们也不愿意去学习。当事情不像他们所希望的那样发展时，他们会毫无罪恶感地给他人制造麻烦。不管是假期，还是其他重要的日子（如生日等），对他们来说没有哪一天是需要心存敬畏的。任何场合都可以成为他们的游乐场，他们可以随时随地大发雷霆，从而毁掉一切。如果一件重要的事情不是围绕着施虐者展开的，他们就不会接受，他们不能容忍人们的注意力转向别处。他们会故意破坏重要的日子。施虐者不能把自己的挫败放在一边，让别人享受这些特殊的时刻。他们任由自己失控的情绪发泄出来，玷污本可以成为他人美好回忆的东西。他们甚至也这样对待自己的孩子。

当事情不像他们所希望的那样发展时，他们会毫

无罪恶感地给他人制造麻烦。不管是假期，还是他重
要的日子（如生日等），对他们来说没有哪一天是需要
心存敬畏的。任何场合都可以成为他们的游乐场，他
们可以随时随地大发雷霆，从而毁掉一切。

为了找回失去的生活，你能做什么呢？如果你已经成功与施虐者脱
离接触，那你可以做的就是单独庆祝一下，不要与施虐者一起。即便你
的庆祝活动只是给自己买一份小礼物、去某个你想尝试的餐厅吃午餐、
给自己买一束鲜花等。别人拒绝庆祝我们人生的里程碑和胜利时刻，并
不意味着我们也认为这些特殊的时刻不值得庆祝。如果我们不为自己骄
傲，就会继续陷入施虐者编织的有毒陷阱。最终我们也会虐待自己。

和"有毒的人"在一起时，你的很多假期可能都被破坏了。也许这
样的事发生得太多了，以至于尽管现在你已经停止和施虐者接触了，但
仍然对度假提不起兴趣。心理虐待留下的一个挥之不去的阴影是，许多
幸存者需要与创伤后应激障碍的一些症状做斗争，而回避引发不愉快反
应的地方和记忆是这一障碍的典型症状。如果你发现自己从心理虐待中
康复后，迟迟不能（或明显害怕）尝试一个完整的假期，也许你可以在
当地的酒店预定一个房间，来一场"无须出远门的度假"。收拾好你的衣
服，出发去享受酒店提供的便利服务。如果你有足够的预算，还可以预
订客房服务。如果你的预算不够，就去买一些你喜欢的食物。在你回到

自己的房间后，吃完饭，舒服地躺在床上，沉浸在康复生活带给你的平静之中。享受你的酒店"野餐"吧。现在，接受这样一个事实：这里没有孩子气的男人或女人会无缘无故地大闹；这里没有戏剧般的王后或国王让事情都围着她或他转，并要求你满足其无止境的需求。你来这里只是为了休息，为了从疲惫的生活中找回属于自己的愉快时光，为了从心理虐待中康复。住在当地的酒店里能帮助你治愈伤痛吗？是的，确实如此，因为在这里你将以积极的精神状态生活，这与你和心理虐待者在一起时他们希望你所处的状态完全相反。施虐者希望你焦虑、精疲力竭，只能满足他或她的需要。但是，请你看一看现在的自己，你并没有做那些愚蠢的行为。你正在享受一个平静的晚上，短暂地休憩，享用自己的劳动果实。可能只有你自己，也可能是和你的孩子或朋友一起，这都没有关系。你正在迈着小而安全的步伐通向曾被施虐者限制的领域。现在你正在重构自己的潜意识，理解这些行为是安全的，施虐者已经不在了。

如果你正在与施虐者脱离接触，并且旅行也是你的计划的一部分，那么你也可以通过一些方式享受这种恢复。当你计划下一个假期的时候，列出你在假期希望做的事。这一行动的关键在于，清单上列出的事情是你能实际控制的。你永远不可能控制施虐者的心情，但你可以决定让自己享受几天从工作中脱离出来的闲暇时光。从飞机起飞的那一刻开始及在度假中的每一天，你都能享受生活中的一些小乐趣。有很多办法可以让你避免陷入和一个"有毒的人"斗争的循环。利用你学会的技能在假期中摆脱冲突，让一切变得更顺利。享受独处的时光无疑能帮助你多一些耐心并给予自己亟须的短暂休憩。在脱离接触阶段，许多幸存者和施虐者一起休假的时间都不会超过七天。为什么？因为你不能和一个"有毒的人"近距离接触太长时间。所以四五天的短期旅行可能会更可行，更能帮助幸存者保持一切顺利，并专注于度假初期出现的"假期高潮"。对很多人来说，当第六或第七天开始返程的时候，"有毒的人"就又恢复了他们那邪恶的自我。有什么解决方法吗？继续进行短途旅行，并计划好在外出时如何照顾好自己。对他人有用的方式可能并不适用于你，所以花点时间做一个专属于你自己的旅行计划吧。

财务稳定

财务虐待是真实存在的，其形式可能有两种。第一种形式是"有毒的人"故意让幸存者在财务方面对自己产生依赖，以便能更深层次地控制他或她。"有毒的人"可能会直接破坏幸存者经济独立的可能，或者在关心的伪装下使幸存者在经济上依赖他人。从自恋者、反社会者、精神病态者那里获得经济独立是幸存者追寻自由的一个关键因素。虽然每个幸存者的情况都不尽相同，但其共同之处在于，幸存者必须知道，如果有需要，自己是可以在经济上保持独立的。第二种形式的财务虐待是当施虐者的权利意识过度膨胀时发生的，"有毒的人"故意创造出一种联结，让满足其经济需求成为幸存者在这段关系中必须遵守的义务。例如，一个有毒的配偶拒绝外出工作，尽管对整个家庭来说经济上的困难是显而易见的，或者只让某一个人承担养家糊口的责任会很沉重。一个"有毒的人"可以毫无顾忌地利用幸存者，却丝毫不考虑他们的幸福。在这种情况下，施虐者会把自己的配偶看作赚钱的机器和供给来源，而不是共同积累财富和创造健康生活的挚爱伴侣。

在财务方面获得独立的措施需要非常具体，而且依赖于幸存者所选择的补救措施。我建议你列一个清单，列出你在受虐待期间可能遇到的所有财务问题。当你看着这张清单的时候，只需要想着你可以朝着正确的方向一小步一小步地迈进。现在的总目标是向前看。对大多数幸存者而言，从财务虐待或财务管理不善中解脱出来需要很长一段时间。但是关键在于你要开始行动，并且能向着最终目标持续前进，虽然进度可能十分缓慢。

> 现在的总目标是向前看。对大多数幸存者而言，从财务虐待或财务管理不善中解脱出来需要很长一段时间。但是关键在于你要开始行动，并且能向着最终目标持续前进，虽然进度可能十分缓慢。

当你开始前进的时候，一些神奇的事情就会发生。你慢慢开始有了动力，好事也开始发生。你开始行动了，你正在前进！这真令人兴奋。

身体恢复健康

当处在心理虐待的环境中时，幸存者的身体也会发生变化。这些变化强烈地影响着幸存者的整体健康。在遭受虐待的情况下，幸存者的身体只能承受有限的压力，如果压力过度，他们的身体就可能垮掉。这是处于"暴露接触"（Exposed Contact，康复前的接触）中时，一个"有毒的人"开始真正摧毁幸存者。我之所以称之为"暴露接触"，是因为幸存者没有盔甲可以为自己提供保护。他们十分脆弱，直接暴露在伤害之下。在暴露过程中，所有"有毒的人"都可以直接接触幸存者。如果这种关系开始对幸存者的身体健康造成损害，那就已经拉响了红色警报。此时，许多幸存者已经不得不处理自身的免疫问题、饮食失调、慢性炎症，以及其他大量的身体损伤。为了从心理虐待中康复，幸存者必须诚实地考量虐待对自己造成的伤害。我们无法解决我们不承认的问题，康复更是无从谈起。虐待对你的健康究竟产生了哪些方面的影响？恢复阶段是你为自己做一个全面的身体评估的绝佳时机，这种评估包括血常规检查。当来访者走进我的办公室，并且正与抑郁症状苦苦纠缠时，我总会询问他们最近是否看过医生。如果没有，我鼓励他们立刻去医院。甲状腺问题常常会使人表现出类似抑郁症的症状，我们不能通过心理健康服务治疗身体方面的疾病，反之亦然。如果身体没有潜在的器质性问题，我们就知道为了治愈心理虐待的创伤，我们必须做一些具体的工作了。

炎症性疾病的症状（如纤维肌痛）在幸存者中很常见。当免疫系统发生免疫反应作用于身体时，炎症就会产生。当然，这是出自一个未经医学训练的人的描述。如果你发现自己患有慢性疼痛、消化问题、偏头痛或其他身体症状，请照顾好自己。如果你和我一样，不是西医的狂热爱好者，那就找一个符合你信仰体系的健康医生。我认识很多幸存者，在告别心理虐待后，他们接受了针灸、脊椎指压治疗和按摩治疗，并且都获得了很好的康复效果。

我十分提倡有规律的运动，而且我认为你并不需要每天花两个小时和教练待在一起。事实上，较小强度的运动会更好。据我所知，在刚刚恢复的幸存者中，没有人有足够的精力每天进行两个小时的运动。在从心理虐待中恢复的早期阶段，运动是最好的方法，它能使你的身体动起来，在此过程中，大脑也经历了良好的化学运动。在这一阶段，可以考虑短时间的运动，如每次 20 分钟。在恢复的开始阶段，大量的运动并不会有帮助，原因是大多数心理虐待的幸存者在身体和情感上都已经筋疲力尽了。有幸存者描述说，好像身体里所有的能量都被吸干了。虽然没人能看见这一点，但他们的身体确实被掏空了。在恢复的开始阶段，幸存者的能量储存罐里已经没有多少能量了。甚至连"疲惫"一词都无法描述这种感觉。那些每次只需要消耗幸存者一点点能量的运动，最终会让他们恢复正常的活力。

在从心理虐待中恢复的早期阶段，运动是最好的方法，它能使你的身体动起来，在此过程中，大脑也经历了良好的化学运动。

我个人很喜欢热瑜伽（不是高温瑜伽），我的意思是更适度的瑜伽，如"伸展和呼吸"。有些人喜欢游泳，另外一些人则需要到马路上去跑步。不管你选择做什么运动，尽你所能地坚持下去。如果你还没有开始运动，那就设定一个目标，第一周做一次，这就够了，只需要一次；第二周试着做两次；第三周试着做三次。之后保持每周三次的频率，直到你的能量恢复并保持在与你认为的健康和正常值接近的水平。幸存者不能在健身房一股脑地输出其能量罐里没有的东西，否则，就会耗尽仅有的那一点点储备。此外，低到中等强度的运动对大脑也有好处，这种程度的运动能使大脑的内部发生化学变化，有时甚至可以部分替代抗焦虑和抗抑郁的药物。对许多人来说，这类药物有很大的帮助，这也是它们被研发出来的初衷。但是，如果你能通过运动使自己的情绪获得提升，将是更好的选择。根据受虐程度的不同，幸存者往往需要接受综合性的治疗才能恢复健康。而适度的运动对整个康复过程都有益处。

情绪恢复健康

　　如果遭受心理虐待的人之前有过抑郁症状，就更应该被谨慎对待。为什么？在一段有毒的关系中，幸存者的身体产生的肾上腺素会暂时掩盖其抑郁和低落的情绪。这是如何发生的呢？当一个施虐者正在进行爱情轰炸或者制造其他形式的情感混乱时，幸存者的能量就会随着肾上腺素水平的上升而增加。这不可避免地使幸存者产生一种生化依赖，幸存者会依赖"有毒的人"把自己从低落的情绪中拉出来。然而，因心理虐待带来的情绪高涨比幸存者预期得低得多。这就是为什么恢复阶段对幸存者的情绪健康至关重要。幸存者必须重新校准自己的情绪指标，这可能是一个缓慢的过程。我相信，你一定希望我能给你一个神奇的公式，让你能尽快度过这段时间。我承诺，如果我知道有这样一个公式，我十分乐意分享给你。但是，就目前而言，一步一个脚印是我确信能帮助幸存者走出心理虐待带来的困惑的最好方法。

　　随着恢复过程的持续，每个人都能找到有助于自己的情绪恢复健康的方法，而这些方法都非常个性化。恢复阶段的关键是你要找到适合自己的方法。想一想，在过去我们用什么方法帮助自己应对日常生活中各种各样的情绪？重复那些发挥过作用的行为，而不要做无效的行为。我知道这听起来简单得难以置信，可令我惊讶的是，有多少次我们一直重复做一些对自己的生活没有益处的事。就像我们开着车，选择自动驾驶，进入一条山路，然后绕着同一座山转来转去，陷入恶性循环，但实际上哪里也没去。这个阶段要改变那些无益于改善我们生活的习惯。

内心恢复平静的过程也非常个性化。你需要花更多的时间思考内心的平静对你来说究竟意味着什么。你能从过去没做过的事情中获得快乐吗？也许你发现自己的生活已经变得更真实、更丰富多彩了。也许与绝望阶段那深沉的黑暗相比，现在已经多了一些闪亮而快乐的微光。情绪恢复健康将会给幸存者带来一波又一波的新鲜感。如果你能对这些充满希望的嫩芽悉心栽培，美好的生活将会很快到来，那些沉重的、灵魂被折磨的生活很快会被取代。恢复对幸存者来说是一个非常棒的阶段。

找回在遭受虐待期间被毁坏的物品

在本书中，我还没有对自己作为一名幸存者的经历进行过描述。也许你认为我只是一个心理虐待方面的专业治疗师。不是的，我的朋友，我和你在同一条船上。我曾在我的个人网站上分享过自己的故事。现在，我想和你谈一谈我找回那些被毁坏的物品的经历。

在我 11 岁那年，我家发生了入室抢劫，当时我深爱的父亲被暴力杀害。这是一个很长的故事，也许有一天我会在另一本书中分享有关这个故事的更多细节。但今天，我只想谈一下父亲去世后我的痛苦生活。这样轻描淡写的叙述似乎令人难以置信，但当时的细节对现在我们要谈论的话题并不重要。我是独生女，父亲去世后，母亲继续照顾我。但她一直与严重的人格障碍和药物滥用问题做斗争。2004年她去世时，我和她已经疏远很多年了。事实上，我得知她去世的消息是执法部门联系我时，因为我住在离她很远的地方。对我来说，远离母亲、与她断绝往来是唯一能让我慢慢恢复的方式，因为她所到之处总会引发严重的混乱。在我快30岁的时候，我获得了一项限制令，以保护我免受母亲的伤害。你知道，当你已成年的女儿为了远离你而申请为期三年的限制令时，那意味着母爱早已不存在了。当限制令生效后，我的睡眠有所改善，但多年来，我总是随身带着胡椒喷雾，并且不锁卧室门以便我能随时爬向通往公寓前门的楼梯。我的母亲有严重的暴力倾向，考虑到父亲的死亡还是一个悬而未决的问题，当地执法部门觉得有必要就如何保护人身安全给我提供一些建议。

> 在我快30岁的时候，我获得了一项限制令，以保护我免受母亲的伤害。你知道，当你已成年的女儿为了远离你而申请为期三年的限制令时，那意味着母爱早已不存在了。

　　我的父亲是一名越野和田径教练。当父亲带着众多校队训练时，我都会拿着秒表为学生们计时，父亲多次被评为"年度最佳教练"。跑步是我童年最美好的回忆，我也是一名长跑运动员。在父亲去世之前，我有机会参加了地区青少年奥林匹克运动会资格赛。我记得自己在比赛中迷路了。在那次比赛中，我可能是最后一名，但我的父亲对此表现得非常和蔼，他是一位永远积极向上的教练。由于我为取得越野赛资格所付出的努力，最后我获得了一枚奖牌。那是一枚青少年奥运奖牌，我非常珍惜它。我把它放在一个盒子里，并把它展示给每一个前来拜访的人看。父亲去世后，那枚奖章对我来说变得更加特别。在这里，我不想写太多的细节以免引起你的厌烦，但我必须要说的是，和母亲在一起的生活真的很艰难，那种生活非常可怕，并且很糟糕。我们在 14 年内搬了 16 次家。每次搬家的时候，我都把自己的房间尽可能地收拾好，并且把那枚奖牌带在身边，因为我不想失去它。

现在，作为一个成年人，我已经不再拥有那枚奖牌了，因为在父亲去世一两年后，母亲在一次愤怒发作中把它扔进了马桶，试图以此伤害我。那枚奖牌有一定的重量，我不知道它是如何通过我家的下水管道被冲走的，但我仍然可以回想起她冲进我的房间，把奖牌从架子上扯下来，怒气冲冲地冲出我的房间的样子。接下来，我听到的是冲马桶的声音。我跑进浴室，她当着我的面尖叫着说奖牌已经不在了。不在了？！我崩溃了。多年来，我的大部分财产都被她失控且虐待成性的双手毁掉了。在父亲去世后，这双手给我的生活造成了无尽的伤害。

现在，快进到我的成年生活。现在我仍然喜欢跑步。许多赛跑项目都会为到达终点的选手颁发奖牌。现在我40多岁了，完成比赛后那枚闪亮的奖牌常常是我参加比赛的唯一动力！2010年，我跑了一场半程马拉松，这次获得的奖牌是我有生以来最喜欢的东西。我想你能理解这对我的意义有多么重大。是的，后面还有更多的故事。在父亲去世后的几年里，食物成了我的"安全出口"。但是，从20岁之后，我已经瘦了55千克。多年来，我的体重逐渐下降，最终我跑完了半程马拉松并获得了奖牌。它代表了我无数小时的训练及所克服的强烈恐惧。每当我们面对过去的伤痛时，恐惧就会悄悄地告诉我们许多不应该继续坚持下去的理由。长跑迫使我面对许多旧日的恶魔。我不仅面对它们，而且还征服了它们。

> 每当我们面对过去的伤痛时，恐惧就会悄悄地告诉我们许多不应该继续坚持下去的理由。

今天，那枚半程马拉松奖牌被我放在一个陈列柜里，我的参赛号码就在它的后面，现在它就挂在我家里那平和、安宁的房间的墙上。没有人会摧毁它。它不会被从墙上扯下来，然后被丢进马桶并冲走。深情地看着它对我来说是一种享受。这就是我从心理虐待中康复的方法。我永远也找不回我少年时获得的奖牌及其对我的意义了，但我可以用新的长跑和新的记忆来代替它。我的孩子也是一名长跑爱好者，现在我们一起参加比赛，作为母亲和孩子，我们正在收集属于自己的奖牌。由于我在心理虐待康复的过程中所做的努力，我深爱的孩子将永远不需要只为赢得一枚来之不易的奖牌而费尽全力。相反，我们正在一起创造美好的回忆，这是我弥补自己早年遭受虐待的一部分。

你需要找回哪些丢失的物品？你是否曾有过一个心爱的宠物但施虐者却要求你把它送走？你是否曾经很时尚但施虐者却强行改变你，现在每次当你看到自己的衣橱就会想起那些往事？你是否曾拥有过一件对自己而言意义重大的艺术品？请你回想一两件对你来说意义重大，但在遭受虐待时丢失了的东西。然后，你开始制订一个计划，用一种令自己愉悦的方式把这些东西找回来。相信我，这在恢复过程中将发挥非常重要的作用。

你能找回丢失的一切吗？很遗憾，不能。有些东西（如记忆或时光等）我们永远也找不回来了。我的整个成年生活都没有得到任何来自父母的关爱。有很多良师益友曾在我的人生道路上驻足，我也曾在他们的人生道路上徘徊，但没有人能长时间停留。在过去的很长一段时间里，我常常祈祷，渴望有一个父亲或母亲式的身影能走进我的生活，填补在我的内心留下的深深的创伤。现在，我已经40多岁了，我不再像10年或20年前那样渴望那样的关系了。我相信你也能找到一些你希望找回的东西，虽然暂时还未能实现。生活可能会要求你带着一些缺憾继续前行，那时你可能会感到伤心。第五阶段——恢复的重点是采取我们力所能及的行动，找回那些可以找回的施虐者从我们身上夺走的东西。但是，当我们在经历恢复阶段时，我们必然会对有些东西感到无能为力，这是我们必须接受的一个严峻的现实。

第五阶段——恢复的重点是采取我们力所能及的行动，找回那些可以找回的施虐者从我们身上夺走的东西。

/ 第九章 /

第六阶段——维持

当一个心理虐待的幸存者识别了自己的绝望（第一阶段），学习了关于心理虐待的一些特征（第二阶段），现在他或她已经清醒了且有了康复的可能（第三阶段），与施虐者设立了界限（第四阶段），而且找回了在遭受虐待期间被损坏的东西（第五阶段），那么从心理虐待中康复的最后一个阶段就是维持。这是第六阶段，也是最后一个阶段。在这个阶段，幸存者往往愿意退回到早期阶段，经历更深层次的治疗。维持阶段还包括幸存者能够体验健康的人际关系，比之前更快地识别出"有毒的人"。维持是指幸存者彻底过上康复后的生活，并且有自信和相应的技能保护自己以后再也不会受到心理虐待。

欢迎，我的朋友，你已经来到了康复之旅的最后一个阶段！但这是否意味着你将永远不会再与创伤后应激障碍的症状做斗争，永远不会再想起施虐者，永远唱着欢快的歌跑过山顶？当然不是。你已经到达了足够高的地方，所以请放缓脚步，欣赏一下周围的风景，这里的空气更清新，你的感官也更敏锐。这是心理虐待康复之旅的关键，请你让自己全身心地投入，过"干净"的生活。当你走完了康复之旅，开始努力为寻求平静而奋斗，你就不太可能再回到那种绝望的深渊。我曾看过一句谚语：当我们知道了如何快乐，就不会容忍和一个让我们不快乐的人在一起。确实如此。

> 你已经到达了足够高的地方，所以请放缓脚步，欣赏一下周围的风景，这里的空气更清新，你的感官也更敏锐。

在康复之旅的第六阶段，在崎岖的山路上挣扎着爬上山顶的幸存者，开始对可以进入自己生活的人有所选择。这些幸存者可能会被指责过于死板或谨慎。通常，我并不同意这种观点。并不是我们遇到的所有人都值得进入我们的生活。为了寻找"干净"的生活方式，幸存者付出了太多的努力，所以他们不能容许"有毒的人"待在自己身边。因为这是两个并不相容的世界。此外，一个人即使没有"毒"，可能也不配在你的生活中占有一席之地。一个人可以接近你，是你给予他或她的一份礼物。给你打电话、发短信、发电子邮件、到你家做客、分享你生活中的私人

空间，所有这些权利都需要他或她努力争取，而非轻易就能得到。至少
应该这样，你可以根据自己的需要做出选择。

心理虐待的施虐者踢开了你生活的大门，他们在愤怒中破坏了你的
私人空间。可一旦他们的暴风雨般的破坏结束后，你就要开始忙于清理
废墟。你把墙刷了一层新的油漆，买了新家具，挂上新的油画。现在它
又是一个安全的空间了，你感到很满足。告诉我，你还会允许另一个有
伤害倾向的人走进你家吗？不，你不会。你的治疗过程会成为守护你的
力量，守护你享受快乐的权利。这是经历了康复的六个阶段的幸存者应
该管理自己生活的方式。这与他们是处于脱离接触阶段还是已经断绝往
来无关。一个学习了有关心理虐待基础知识的幸存者，能够且愿意防范
自己在未来遭受虐待的风险。这一点我是怎么知道的呢？因为我曾亲眼
看见虐待一次又一次地发生。幸存者很容易就能防范在未来遭受心理虐
待的风险吗？一点也不。在某些时候，你的生活是否还会再次变得一团
糟？当然有可能，但这与施虐者人为制造的虐待龙卷风再次摧毁幸存者
的生活截然不同。

在康复的最后阶段，你需要什么技能以帮助自己继续走下去？最关
键的是，所有的幸存者都要学会控制自己的想法，摆脱把自己拖回旧习
惯的思维方式。在维持阶段，幸存者需要保持稳定，而他们破坏这种稳
定性的最常见方式是，让自己把注意力集中在与施虐者的关系中那些短
暂的"积极时刻"。通常，幸存者会回忆曾经有过但很久没有的状态。为

了使治疗效果得以持续，幸存者对这段关系必须保持中立的态度。这并不是说幸存者要紧紧地抓住伤痛不放，而是要避免时间和距离扭曲虐待的真相。

如果你选择的是脱离接触，那么康复的最后阶段可能会很困难，因为"有毒的人"并不是每天都有毒。他们也有属于自己的快乐时光，而对于幸存者来说，处于这些时刻的施虐者可能会让他们感到困惑。记住，无论一个"有毒的人"在短时间内的表现多么令人愉快，他们总是会回到原本的状态，继续实施虐待行为。例如，心理虐待的施虐者可能会为了自己的利益对周围的人表现得稍微好一些。这种变化通常发生在他们被发现说谎或者明显伤害他人之后，持续时间的长短因人而异。但最终，他们会回到虐待他人的生活方式中。对那些选择脱离接触的人来说，维持阶段包括你永远不要忘记自己寻求治愈的旅程，并保证治愈效果良好地维持下去。你的生活质量取决于你对康复之旅做出的承诺的遵守。

> 记住，无论一个"有毒的人"在短时间内的表现多么令人愉快，他们总是会回到原本的状态，继续实施虐待行为。

断绝往来将允许幸存者离开一个特定的施虐者并向前看，但这并不意味着以后当你面对潜在的施虐者时是安全的。你要随时准备好自己的工具箱，并在其中装满评估技巧、界限及与任何疑似"有毒的人"切断联系的能力。对有些幸存者而言，在断绝往来的情况下做到维持可能会很棘手，因为断绝往来的原因可能是施虐者的抛弃行为。在这种情况下，幸存者更需要获得在以后预防任何潜在施虐者的能力。如果幸存者没有锻炼好自己的内在情感"肌肉"以便能自主地离开有害的环境，就会很容易再次陷入依赖他人的陷阱。有能力说出"我再也不要这样了"，并且能使自己从有毒的环境中脱离出来，这是幸存者必须具备的基本技能。只有这样幸存者才能在以后避免遭到心理虐待，或者即使遭受了心理虐待也能从中康复。维持阶段的一个关键要素是，认识到你已经拥有了全新的面貌。你成长了、改变了，经过提升后，你已经成为一个全新的自己。你希望自己的生活轨迹能够继续健康向上。重要的是，你要看到现在的自己是全新的。如果我们不能认识到过去的自我已经消失了，那将可能产生悲惨的后果。不安全感会驱使我们把快乐和成功的人从身边推开，因为我们认为自己不值得他们关注。我们内心的对话和自我价值感将决定我们允许或拒绝什么样的人进入我们的生活。如果我们不相信自己值得拥有真爱、平和的心态及希望，我们的潜意识就会对自己造成破坏。我们会想，为什么我们的生活中从来没有那些美好的事物。我们固然可以选择漫无目的地生活，不断地被同一类不健康的人吸引。但相反，我们也可以充分认识到我们与过去已经不同，我们是正在进步的全新的自己。同样，一群新的人也会被我们吸引。

> 如果我们不能认识到过去的自我已经消失了，那将可能产生悲惨的后果。不安全感会驱使我们把快乐和成功的人从身边推开，因为我们认为自己不值得他们关注。我们内心的对话和自我价值感将决定我们允许或拒绝什么样的人进入我们的生活。

例如，我的体重减至正常后的许多年里，在买衣服时我仍然总是选错尺码。有一次，我的一位密友温柔地戳了我一下，她直截了当地告诉我，我穿的衣服太大了。她强烈建议我和她一起去商店，试穿她认为适合我的尺码。这位朋友在时尚零售行业工作多年，所以她知道自己对我陷入旧的思维模式的判断是正确的。那天，令我吃惊的是，适合我的裤子竟然比我之前穿的小了两码。我真的很震惊。由于我陷在过去的阴影里，没有看到自己的身体状况发生的新变化，但我的朋友看到了。在这里我要告诉你，我的朋友，如果你经历了康复的六个阶段，你曾经的旧圈子已经不再"适合"你了。这是一件好事，让更健康的人走进你的生活。想一想，你曾经付出了多少努力吸引和现在的你相似的人。

当我们一起共度的康复之旅即将结束时，下面我为你提供一个很棒的日志练习，即问自己一个问题："对我来说，高质量的生活是什么样子？"这个问题不是关于别人认为你的生活应该是什么样子，或者你试图学习别人的生活方式。这是一个非常私人和个性化的问题。通常情况下，人们会以一种从过去的经历中获得救赎的方式生活。例如，对于一个在童年时期遭受心理虐待的成年幸存者来说，高质量的生活可能包括以打破家庭虐待传统的方式养育自己的子女。对另一个人来说，这可能与保持自己的财务稳定有关，因为这个目标之前并没有实现。当你回答这个问题的时候，请尽可能做到具体和详细。这个练习应该作为建立希望的一种工具，这么做可能也有助于你对生活中已经存在的东西充满感恩。

感谢你与我一起共度这段时光，感谢你允许我和你一起走过了这些阶段。我知道，这本书的内容并没有涵盖心理虐待康复过程中的每一种情况，这也是不可能做到的。你可以查找其他参考资料，有关这一主题，有一些了不起的人已经做了很多工作，他们的研究成果可以让你从中受益，我也会继续从中学习。你也可以考虑花点时间完成下面的"康复日志"，它将作为一种强化，帮助你内化我们在本书中一起经历的所有阶段。

我希望，当以后你还需要时，能重新拿起这本书，每当你这样做的时候，我在本书中所写的文字都将成为一种新的支持，温暖你的康复之旅。请你永远记住，成为心理虐待的幸存者并不是你的错，你并没有把它"吸引"到你的生活中，你从不希望别人对你做过这些事。现在，是时候利用你所学到的知识，维持属于你的个性化的治疗，并帮助那些需要你现在所拥有的知识的人。

继续怀抱远大的梦想吧！

写给家人和朋友的一封信：
你爱的人并没有疯

Healing from Hidden Abuse

A Journey Through the Stages of Recovery from
Psychological Abuse

我最初写这这篇博客是 2015 年，我很高兴它在网上受到了众多好评。我想在这里分享一下，以防你的家人或朋友可能没有读完整本书（或任何其他书），但需要快速回顾一下为什么从心理虐待中康复往往是一条漫长的道路。我从幸存者及其家人和朋友那里得到的反馈让我知道，这篇文章能产生积极的影响。我希望，对你生活中那些需要阅读它的人来说也是如此。

写给家人和朋友的一封信：你爱的人并没有疯

阅读完这封信的标题，你可能想知道这封信的主题是什么。我写这封信是给心理虐待幸存者的家人和朋友看的。为什么？因为我从许多幸存者那里得知，对他们来说，要将他们所经历的虐待的隐蔽性清楚地描述出来是极其困难的。许多幸存者的家人和朋友只是不知道应该如何支持他们所爱的人度过康复的阶段。关于这个话题有太多内容要讲，但我将试着抓住重点。

对于那些不熟悉我的人，我先做一个自我介绍。我是一名持证的临床社工导师及一家私人心理诊所的法人和首席治疗师。我所从事的心理治疗工作的其中一个领域是专门帮助人们从自恋者、反社会者或精神病态者（这些人又被称为"有毒的人"）的心理虐待中康复。人们与这些"有毒的人"之间可以是恋爱关系、家人关系、朋友关系，或是处在同一个工作场所。就今天的内容而言，我将把重点放在如何从恋爱关系中遭受的心理虐待中康复。

如果你所爱的人与一个"有毒的人"曾有过一段恋爱关系，那么他或她很可能就是心理虐待的受害者。我知道这可能很难理解，因为你所爱的人遭受虐待后并没有留下明显的伤痕，他们的身体没有任何瘀伤或骨折的痕迹。然而，这种虐待确实让你所爱的人受到了极大的伤害。你所爱的人与他们刚开始与施虐者建立关系时已大不相同。你甚至可能目睹了你所爱的人的异常行为，而你从来没有想过他们会这样做。他们对心理虐待的反应甚至会让你怀疑他们到底是失去了对生活的掌控，还是"疯了"。出于某些原因，"有毒的人"喜欢指控被他们虐待的受害者疯了，这样的指控我听过一遍又一遍。虽然我不确定"有毒的人"是否一定是用"疯了"这个词，但这是自恋者、反社会者和精神病态者最喜欢用的描述。

我希望能向你解释，为什么你爱的人和一个"有毒的人"分手后仍然在努力地寻求稳定。让我们从最基本的原因开始，为什么你爱的人这次分手不同于之前任何关系中的分手。

一切都是谎言

你爱的人遇到了一个人，他或她真的爱上了这个人，并想与这个人一起共度余生。你爱的人对这个人的感情是真实的，然而，他或她却遇到了一个骗子。这个人只是假装对你爱的人有感觉，并有策略地与你爱的人建立"关系"，以满足自己的虐待需求。

"有毒的人"从控制一个健康、快乐的人（你爱的人）和彻底毁掉他或她的生活中获得了巨大的乐趣。这很难想象，对吧？作为一名治疗师，我可以告诉你，这是真实存在的。你爱的人可能试图与你分享这些信息，但你很难相信他或她说的话。你甚至可能喜欢那个"有毒的人"。你猜怎么样？你也被骗了。引诱和欺骗受害者的家人和朋友是"有毒的人"计划的一部分。他们这样做是为了让你相信他们是诚实的好人。这对"有毒的人"有什么好处呢？当你爱的人告诉你发生在他们身上的所有肮脏、可怕的事时，你会质疑他们。也许你甚至在不知不觉中站在了"有毒的人"一边而反对你所爱的人。施虐者的举动很狡黠。这些都是蓄意破坏你所爱的人的生活，甚至破坏你们之间的关系的一部分。如果你问我对此怎么看，我觉得这很可怕。

不正常的分手

你爱的人这次分手后，如果你告诉他或她与"有毒的人"重归于好，或者开始一段新恋情，这对他或她毫无帮助。请不要给你爱的人任何类似的建议。你爱的人还没有准备好继续前行是因为他们现在只剩下一具躯壳。在与施虐者分手并康复的过程中，他们所经历的悲伤、痛苦是如此复杂，以至于他们不知道面前的哪条路是通向"海底"，哪条是通向"海面"。他们完全沉浸在自己的悲伤中。为什么？是因为他们软弱，不会掌控自己的生活吗？不是。他们的整个人格已经被虐待行为彻底摧毁了。你所爱的人所表现出来的品质——最初吸引"有毒的人"的那些品质——成为"有毒的人"要毁灭的目标。

你所爱的人的自我价值感和身份认同已经被操控者打乱了。例如，如果你的电脑中了病毒，你会希望它仍然像之前一样运行吗？你不会。因为你意识到你的电脑已经被恶意软件感染了，病毒接管了它的操作系统。这就是发生在你所爱的人身上的事情。他们被自己认为是这个世界上独一无二的人感染了"病毒"。他们曾把施虐者当作自己最坚实的依靠，当作他们最重要的人甚至永远的幸福。如果你所爱的人离开了施虐者，他或她需要一些时间以摆脱这种虐待。他们看待自己和周围世界的方式必须被彻底摧毁并正确地重建。仅仅出去约会对你所爱的人毫无帮助，甚至还会在很多方面阻碍他们的康复。

需要多长时间就花多长时间

我知道你想要你过去深爱的那个人回来，那个在建立有毒的关系之前的人。我知道有时你能看到他或她身上闪现一些过去的微光，然后你满怀希望地认为，这场关于你们所有人的噩梦终于要结束了。然而事实上，许多心理虐待的幸存者都患上了创伤后应激障碍。一些触发因素会给他们带来强烈的焦虑。对于你所爱的人来说，一年中的某些时候会比其他时候更难熬。很令人悲伤，但这是正常的。为什么心理虐待会导致创伤并需要很长时间才能康复？因为你爱的人经历了系统的、反复的和隐蔽的心理虐待。"有毒的人"摧毁了你所爱的人。不管那个"有毒的人"在你看来有多好，请用心倾听你所爱的人告诉你的关于这个人的真实特征。

现在，我教给你一些术语，如煤气灯操纵、恶意宣传、三角关系、飞猴、理想化/贬值/抛弃阶段、糖衣炮弹等。你爱的人可能会要求你不仅读这封我写给你的信，还要你读完这本书。请付出你的时间和精力了解你所爱的人的生活和经历，以此表达你对他们的支持。

最重要的是，当你所爱的人向你倾诉他们被虐待的经历时，要相信他们，并且原谅自己没有注意到这种虐待，和你爱的人一起前行。"有毒的人"想要毁掉你所爱的人及他或她的所有关系，请不要让"有毒的人"得逞。在你支持你爱的人康复的过程中，我祝你们一切顺利。我真心相信你们的生活会越来越好。

康复日志

Healing from Hidden Abuse

A Journey Through the Stages of Recovery from Psychological Abuse

康复日志

欢迎来到康复日志部分。在写这部分文字的时候，我假设你已经知道这本书的主要内容，或者正在读这本书。在写康复日志的时候，我将会用到本书中所讨论的概念。作为一名作家，我本可以就此结束这本书；但作为一名治疗师，我相信这部分内容能帮助你将康复的六个阶段内化并形成自己的个性化康复之旅。你不仅能从本书中获得有关心理虐待疗愈的概念，而且能将其应用到自己的日常生活中，这才是康复真正开始的地方。你要在能充分保障自己隐私的情况下写康复日志，你可以在工作的地方写，或者和家人或朋友一起写，或者在当地找一些也在阅读本书的幸存者和他们一起写。没有人能像其他幸存者一样理解隐藏的心理虐待的破坏性。幸存者应该从阴影中走出来，进入一个安全的环境。

这些读书小组并不能代替面对面的治疗。大多数读书小组由其他幸存者主持，这种聚会也不应该成为非正式的治疗，除非主持者是一个持证的咨询顾问或治疗师。读书小组应该是幸存者可以安心出入的地方，在那里，无论他们处在康复的哪一个阶段，都可以相互支持，在小组成员之间找到健康的界限，发展让所有幸存者都受到欢迎的能力。读书小组的人员构成最好由主持人决定。有些读书小组可能仅限男性或女性，有些则可能是混合小组；有些读书小组可能是专门为断绝往来的幸存者所建，有些可能是为脱离接触的幸存者所建，有些可能是为任何想要阅读这本书的人所建。此外，也可能会有专门针对隐藏在恋爱关系或工作场所的心理虐待读书小组。关于如何利用这本书为当地的幸存者提供便利支持的想法是永无止境的。最重要的是应由主持人和阅读此书的成员创建一个满足他们独特需求的小组。

不管你是打算自己写康复日志，还是在一个读书小组中写，我都鼓励你在写日志的过程中注意自己的感受。我们将要讨论的一些内容可能会触发你对一些往事的艰难的回忆。请你放松下来，注意你的情绪和身体的健康，你不必急着读完这本书或写完康复日志。慢下来，深呼吸。当你需要的时候，可以把这些材料先收起来，改天再拿出来看。每天从书中摘录一小段内容也很有帮助，这可以让你对当天读到的概念或内容进行冥想。许多人选择每天阅读一页或一个问题，这就足够了。你可能想快速地浏览一下这本书的内容，这也很好。归根究底，你的康复之旅属于你自己，你要自己决定最好的治疗方法。记住一点，如果你觉得自己加入的读书小组没有正确的氛围或态度，那就寻找其他小组，直到找到一个最适合你的读书小组为止。也许你喜欢把写康复日志作为一个人的旅程，这也是一个很好的选择。从心理虐待中康复是一种强烈的个人体验，不能操之过急。每个幸存者受到创伤的严重程度不同，因此他们觉得自己准备好进入下一个康复阶段时间的长短也会有所不同。

　　我感到非常抱歉，不管怎样你仍然需要治愈。隐藏的心理虐待是神秘的、沉默的、容易被误解的。作为幸存者，你知道这一切都是真的。相信我，一旦你完成了康复的六个阶段，就会比大多数心理治疗师更了解人格障碍患者的虐待行为。如果你能把具体的人名和自己的生活状况写进康复日志中，这对你个人而言将非常有意义。康复日志包含一系列的问题和简短的讨论。总而言之，我希望通过写康复日志或者在读书小组中分享这一实践过程，能让你从自己的故事中获得更深层次的智慧。

谁是心理虐待的施虐者

谁是心理虐待的施虐者？一个自恋者、反社会者或精神病态者可能是你的母亲、父亲、兄弟姐妹、祖父、祖母、姑妈、姨妈、叔叔、舅舅、堂亲、男朋友、女朋友、丈夫、妻子、成年的孩子、朋友、姻亲、同事、老板或个体拥有的社会关系中的任何人。就像你看到的那样，他们的"毒性"可以影响许多人。可悲的是，他们的影响（及因此造成的毁灭性打击）波及的范围非常广。

在本书中，我会频繁地使用"有毒的人"这一术语。当我使用这一术语时，我指的是那些符合自恋型人格障碍（又称自恋者）和反社会型人格障碍（又称反社会者或精神病态者）诊断标准的人。我理解你可能不确定施虐者是否符合那些诊断标准，这完全不是问题。

请你用自己的话描述自恋者、反社会者和精神病态者的不同特征。

自恋者：_____

_____

_____

_____

_____

反社会者：_____

精神变病者：

　　　　　　　　　　　　　　　　　　　　　　　　　　　　　　　

　　　　　　　　　　　　　　　　　　　　　　　　　　　　　　　

　　　　　　　　　　　　　　　　　　　　　　　　　　　　　　　

　　　　　　　　　　　　　　　　　　　　　　　　　　　　　　　

人们常常询问，自恋者、反社会者和精神病态者在临床上的表现有什么不同。我举一些虚构的例子说明这三者的细微差别。

- **自恋者**会开车从你身上碾过去，并责骂你挡了他们的道。他们会无止境地抱怨你把他们的车弄坏了。

- **反社会者**会开车从你身上碾过去，他们不仅责骂你挡了他们的道，甚至还得意地笑，因为他们从自己制造的混乱中得到了隐秘的快乐。

- **精神病态者**会不遗余力地精心计划好行动步骤，确保能开车从你身上碾过去，他们边做边笑并不忘回头着一眼，以确保对你造成了严重的伤害。

人性复杂，对吧？这正是你要努力与这些"有毒的人"脱离接触或断绝往来的原因。如果"脱离接触"和"断绝往来"这两个术语对你来说有些陌生，不必担心。当我们一起完成下面的内容时，你会了解关于它们的一切。

看了上述虚构的例子，你对自恋者、反社会者和精神病态者的定义的认识有了怎样的改变，或者还是与你最初所写的保持一致？

性别与心理虐待

大众的刻板印象为自恋者、反社会者和精神病态者都是男性，这是完全错误的。有许多女性是造成不良的恋爱关系、家庭关系或工作场所有毒的原因。

请写下你认为不同性别的施虐者的异同。

相同点：_____

_____

_____

_____

不同点：_____

_____

_____

_____

_____

请简要写一下你所经历过的心理虐待，施虐者可以是男性，也可以
是女性。

施虐者是女性：_____

_____

_____

_____

施虐者是男性：_____

_____

_____

_____

如果你同时经历过来自不同性别的施虐者的心理虐待，他们的虐待
行为有何不同？_____

_____

_____

施虐者的性别不同，你的康复过程是否也有所不同？ _____

_____

_____

_____

_____

如果一个人连自己遭受身体虐待都很难证明，那么想让其他人认真对待心理虐待就更难了。试图寻求帮助以保护自己和孩子的幸存者往往被认为是歇斯底里的、疯狂的和不稳定的。这是因为心理虐待的隐秘性很难用言语描述。如果没有合适的言语，幸存者们的话听起来常常不知所谓。然而，问题根本不在幸存者身上。因此，对公众来说，有关隐藏的心理虐待他们还有很多内容需要了解。

请简短地写下当你对别人讲述自己所经历的心理虐待时所用的描述。

_____

_____

_____

_____

你的描述是否被你的家人、朋友、同事接受？ _____

_____

_____

_____

_____

在你看来，为什么向一个没有亲身经历过心理虐待的人描述心理虐待是如此困难？ _____

_____

_____

_____

_____

什么样的人会成为心理虐待的施虐者

的确，作为一名治疗师，我可以对一个成年人做出自恋型人格障碍或反社会型人格障碍的诊断。但我们通常不会在一个人成年之前诊断其患有人格障碍，因为人格的形成贯穿个体的整个青少年阶段。有些人确实在早年就显现出自恋型人格障碍或反社会型人格障碍的特征，但这些孩子或青少年常被给予一种与人格障碍无关的诊断。

你曾经尝试过进行心理咨询或与施虐者进行某种形式的调解吗？如

果是，你的经历是怎样的？如果你还没有这样做，你认为在有第三者在场的情况下处理这类问题会面临哪些挑战？ _____

_____

_____

_____

_____

　　你是否相信每个人都有"轻微的自恋"？如果是，请分享为什么你这么认为。如果你不相信，请分享为什么你不这样认为。 _____

_____

_____

_____

_____

　　你相信有"健康的自恋"这一概念吗？如果你相信，请分享一下你对健康的自恋的定义。如果不相信，请分享为什么你不相信存在健康的自恋。 _____

_____

_____

_____

_____

我强烈反对每个人都有"轻微的自恋"或健康的自恋这一观点。自恋型人格障碍是对正常的自我意识的扭曲，其诊断标准反映了一种类型的人格，这种人格在个体的童年时期和成年之后都没有得到良好的发展。在成年后，这些人选择继续虐待他人。我无法证明自恋、反社会或精神病态的人格中的任何部分是健康的，这就像说有些癌细胞是"健康的"一样。

如果要诊断一个人患有自恋型人格障碍或反社会型人格障碍，必须符合确定的诊断标准。人们要么符合这些诊断标准，要么不符合。从临床的角度来说，没有"轻微的自恋"这种东西存在。我们从自恋人格量表（Narcissistic Personality Inventory，NPI）中得到了"健康的自恋"这个概念。但我认为这一诊断工具有严重的缺陷，因为它被用来评估那些被怀疑有知觉扭曲的人（即"有毒的人"）。这些人被要求做一份有关自我管理的问卷（自恋人格量表），他们做的时候很容易就能看出哪个答案会给他人留下浮夸的印象。大多数被怀疑有人格障碍的人都非常渴望知道如何了解并操纵他人。为了自己的利益，他们知道如何不让自己看起来很"糟糕"。

一些研究者和心理健康专家看到个体的 NPI 得分很低，就下结论说他或她通过了测试，只是有"轻微的自恋"。严格来说，这就是"健康的自恋"一词的来源，我认为这简直太荒谬了。他们认为，某人仅仅表现出一定程度的自尊心、独立性，甚至有点虚张声势，并不意味着他或她就一定缺乏同理心、喜欢伤害他人并以此为乐。然而，后者正是自恋型人格障碍或反社会型人格障碍患者的重要特征。

如果你仍然相信有"健康的自恋",或者持每个人都有"轻微的自恋"的观点,那也没有问题,我们不必对每一个概念都有相同的看法,因为尊重差异正是自恋者、反社会者和精神病态者无法理解的。心理虐待康复社区的倡导者和幸存者身上不会表现出心理虐待的施虐者所拥有的任何东西。出于对他人的尊重,我们不把自己的观点强加于他人。

施虐者在哪里实施虐待行为

心理虐待可以发生在两个人之间(如亲子之间、情侣之间、同事之间或朋友之间),或者发生在一个小团体中(如家庭成员之间或职场中)。

你所遭受的虐待发生在个体之间、群体中,还是两者皆有?(请圈出与你的情况相符的那一个)

请分享你和施虐者之间现在或过去的一段经历。如果你没有这样的经历,请分享你认为两个人之间最让人受伤的心理虐待是什么。————

_____

_____

_____

_____

请分享你在群体中遭受心理虐待的经历。如果你没有这样的经历，请分享你认为为什么一群人施加的心理虐待对幸存者来说是一个很大的挑战。

个体施虐者

有毒的爱人或配偶

一个浪漫的伴侣可能会使用许多不同的方式对另一半实施心理虐待。我目睹了在一段原本安全的亲密关系中发生了一些最可恶、最残忍的心理虐待。

如果你所经历的心理虐待发生在一段浪漫关系中，请分享一下当被一个自己深爱的人虐待时，最令你难受的是什么。如果你的虐待经历不是发生在浪漫关系中，分享一下你认为发生在一段恋爱关系中的心理虐待最令人难以接受的是什么。

_____

_____

_____

如果你经历过的虐待发生在一段浪漫关系中，你对这段关系中最糟
糕的记忆是什么？_____

_____

_____

_____

_____

你是什么时候知道自己在和一个"有毒的人"交往的？当时的情况
具体是怎样的？_____

_____

_____

_____

_____

现在回想起来，你是否希望当时就结束这段恋情？如果是，为
什么？_____

_____

_____

_____

如果不是，当时是什么阻止了你？是什么样的恐惧或来自生活的阻碍让你无法结束这段关系？ _____

_____

_____

_____

如果你没有在当时就结束这段关系，你采取什么措施原谅自己停留了更长的时间？ _____

_____

_____

_____

有毒的朋友

友谊是我们日常生活支持系统的核心，朋友用各种方式丰富着我们的生活，他们是我们自己选择的家人。既然朋友能如此接近我们的生活和走进我们的内心，那么明智地选择朋友就显得至关重要。每个人都

曾有过类似这样的友谊：我们总是想知道为什么我们会允许某个人靠近
自己。

如果你曾经有过一段有毒的友谊，请详细说明对方是谁，这个人用
什么方法、在哪里和为什么对你实施心理虐待。如果你有过不止一段有
毒的友谊，现在请选择某一段友谊进行分享。如果你的虐待经历不是发
生在友谊中，分享一下你认为朋友之间的心理虐待最令人难以接受的是
什么。 _____

_____

_____

_____

_____

如果你仍然和有毒的朋友保持联系，是什么让你仍维持这段关系？

_____

_____

_____

_____

如果你已经和有毒的朋友断绝往来，是什么让这段友谊结束了？

_____

_____

_____

_____

_____

施虐者团体

有毒的家庭

即使在子女成年离开家后，有毒的父母所说的那些充满仇恨的、尖酸的话语仍在子女的脑海中挥之不去。这是因为自恋、反社会和精神病态的人格特质塑造了最糟糕的父母，与充满爱的父母无私奉献的天性相反，有毒的父母缺乏基本的共情能力。与孩子的任何需求相比，他们优先满足自己的需求，并且认为自己的行为完全是正当的。施虐者在家庭中制造出"合情合理"的怨恨。在后来的生活中，他们想知道为什么他们和成年子女之间没有建立起真正的依恋关系。这是因为长久的自私和尽心的养育是不相容的。

如果你是家庭中心理虐待的幸存者，请分享一个家庭中心理虐待的事例。如果你不是家庭中心理虐待的幸存者，请分享一下你认为为什么从这种形式的虐待恢复需要的时间可能比其他形式的虐待更长。_____

_____

_____

_____

_____

　　在临床上有一个术语叫作"假性突变"，许多有问题的家庭都存在这种情况。这个词被用来描述一些家庭从表面上看这些家庭的成员之间的关系很紧密，但实际上，在公众不可见的背后，家庭成员之间却有着特别不正常和有害的关系。从表面上看，他们是一个紧密联结的家庭，但实际上却是一个充满破坏性的团体。

　　请你用自己的语言描述假性突变与你所经历的家庭中心理虐待之间的联系。如果你没有经历过虐待性的家庭关系，请分享你怎样看待其他环境中的假性突变。_____

_____

_____

_____

_____

　　请描述你被"捕蝇草家庭"（虐待家庭）捕获的例子。是什么东西把你引诱至陷阱的？如果你不是生活在有毒的家庭中，你在其他环境中见过施虐者使用"捕蝇草"这种方法吗？_____

_____

_____

_____

_____

一旦你被引诱至陷阱，原本友好的环境是如何及何时发生变化的？

_____

_____

_____

_____

_____

归属感是人类体验的核心。我们天生需要且想要被他人接纳。每个人都期望有这样一种感觉：自己拥有别人，别人也拥有自己。但是，施虐者正是利用人类的这种需要满足自己的利益。

为了让你失去归属感，施虐者用了哪些特殊的手段？ _____

_____

_____

_____

_____

在经历这次虐待后，你的情绪反应如何？ _____

_____

_____

_____

_____

有毒的职场

自恋者、反社会者和精神病态者也要谋生，你猜最后会怎样？他们会成为职员、同事、经理和高级管理人员。在职场中，"有毒的人"经常使用隐蔽的方法破坏幸存者在事业上取得成功。例如，他们长期不给幸存者提供完成工作所必需的信息，导致本该完成的任务迟迟不能完成，让幸存者感到难堪。有时职场中的心理虐待并不隐蔽，反而非常明显且具有攻击性。同样，职场中的施虐者可以有很多方式表现他们的功能障碍。幸存者表示，他们曾被粗暴地吼叫、公开嘲笑，甚至身体遭受到侵犯，而施虐者认为这是对幸存者的一种管理行为。

你曾在职场中遭受过心理虐待吗？如果是，请总结和分享一下究竟发生了什么。如果你不曾遭遇过，请分享一下你为什么相信这种形式的虐待会影响幸存者设立界限。_____

_____

_____

_____

_____

其他人知道你在职场中遭受心理虐待吗？如果是，他们是视而不见，还是做些什么以帮助你？如果没有人知道，是什么阻碍你把自己的遭遇告诉他人呢？ _____

_____

_____

_____

_____

哪些应对技巧帮助或曾经帮助你在职场中应对心理虐待？ _____

_____

_____

_____

_____

心理虐待的施虐者何时伤害他人

心理虐待的施虐者喜欢把目标对准那些拥有其没有或无法拥有的东西的人。自恋者、反社会者及精神病态者之所以臭名昭著，是因为他们会挑选拥有一切美好事物的人作为目标，而摧毁那些美好的事物能使他们产生优越感。在挑选虐待的目标时，施虐者考虑的因素可能是目标的外貌、年龄、智力、声誉、宗教信仰、事业、家庭、朋友等。

一旦目标上钩，"有毒的人"就开始摧毁目标身上那些最初吸引他们的品质。对有毒的人来说，摧毁一个原本健康、快乐的人，是他们的娱乐方式和力量之源。这一点常常被幸存者忽略，因为在虐待发生时，他们认为自己是残缺不全的。由于施虐者说了一些满怀怨恨的话，幸存者便认为自己之所以会成为他们的目标是因为自己"软弱无能"。然而，事实恰恰相反。那些对施虐者而言毫无价值的目标不会吸引他们的注意力。施虐者喜欢那些能让他们感觉自我良好的人，施虐者就像水蛭一样依附于能给他们提供"食物"的人身上。一旦他们吃饱了，就开始破坏幸存者身上令他们嫉妒的品质。因为"有毒的人"不能拥有这些积极的品质，所以他们也不希望幸存者拥有。

对自恋者、反社会者或精神病态者来说，你拥有或曾经拥有的吸引他们的品质是什么？请列举出三种。_____

_____

_____

_____

请分享心理虐待者开始摧毁你的自尊的具体细节。_____

_____

_____

_____

_____

你对于你们之间关系的转变有什么反应？ _____

_____

_____

_____

你有没有注意到别人对你的成就、外表、经济或生活中其他积极的

方面心存嫉妒？如果有，他们嫉妒的焦点是什么？ _____

_____

_____

_____

是什么让你意识到他们在嫉妒你？ _____

_____

_____

_____

心理虐待的施虐者怎样伤害他人

心理虐待的施虐者是非常"优秀的演员"，他们会利用任何可用的手

段来维持自己在人际关系中的掌控感。例如，当施虐者需要表现得自己像受害者时，他们就会泪眼蒙眬；当需要表现得自己已经改过自新时，他们会使用外露的情绪表达方式。但事实上，这都只是为了操纵幸存者重新回到有毒的"游戏"中。控制狂会通过许多虚假的情绪控制他们身边的人。除了眼泪之外，他们可能会表现出内疚以使幸存者为自己设立的界限感到难过，表现出愤怒以恐吓别人服从自己，表现出满不在乎让幸存者感到被抛弃和被遗忘。我们需要记住的重点是，在绝大多数时候，施虐者的外在情绪表达都有特定的目的，通常是为了以某种方式伤害他人。我们不能只看施虐者的表面形象，他们的行为并不可信，他们完美地运用自己的表演技巧是有原因的。

心理虐待绝不是一次性的伤害，我经常把这个过程描述为"收集鹅卵石"：一颗鹅卵石代表了与施虐者的一段消极经历。

施虐者曾把眼泪当作控制你的一种手段吗？如果没有，他们为了得到自己想要的东西表现出了哪种情绪？ _____

_____

_____

_____

_____

现在回想起来，你认为施虐者所表现出的第一个危险信号是什么？ __

———————————————————

———————————————————

———————————————————

———————————————————

描述施虐者表现出来的一些"鹅卵石"。——————

———————————————————

———————————————————

———————————————————

心理虐待的施虐者为什么伤害他人

我经常阅读、收听播客和广播电台的节目，其主题是自恋、反社会、精神病态及如何从这些类型的虐待中康复。我可以告诉你，来自不同阵营的人们提出了各种各样关于人格障碍发展的观点。一些人认为，一般人的性格缺陷处于一定的范围内。自恋似乎是大多数不和谐情绪爆发的灰色地带，而反社会者和精神病态者的共同之处在于他们极度缺乏共情。好莱坞甚至试图通过塑造不同的角色描绘出一幅幅人格障碍患者的画像。在影视剧塑造出来的角色中，有些是对疾病状况的真实反映，有些则纯属虚构，只是好莱坞的导演们对拍一部令人兴奋的电影的尝试。

你相信那些有人格障碍的人患有"精神疾病"吗？ _____

_____

你认为人格障碍是怎样形成的，或者你相信有些人天生就是自恋者、反社会者和精神病态者吗？ _____

_____

_____

_____

_____

你认为依恋关系对人格障碍的形成发挥了怎样的作用？ _____

_____

_____

_____

_____

你相信自恋者、反社会者和精神病态者知道自己在虐待他人吗？ _____

_____

_____

_____

_____

自恋者、反社会者和精神病态者有可能在行为上产生永久性的积极改变吗？ _____

_____

_____

_____

幸存者的共同性格特征

我们花了一些时间研究心理虐待发生的原因、对象、地点、时间、方式。我想先停一下，简单讲一讲我在心理虐待的幸存者身上注意到的一些事情。遭受隐性虐待的人身上似乎有一些重要的和共同的性格特征，这些性格特征有些是积极的，而有些显然需要进行管理。

你认为自己是一个适应能力很强的人吗？ _____

_____

_____

_____

你相信是你的"脆弱感"把心理虐待的施虐者吸引到你身边的吗？如果是，你认为自己有什么"软肋"是被别人用来对付你的？ _____

_____

_____

你认为互相依赖的定义是什么？ _____

_____

_____

_____

你认为自己现在或曾经与他人互相依赖吗？如果是，这一点是怎样影响你从心理虐待中康复的？ _____

_____

_____

_____

你认为共情的定义是什么？ _____

_____

_____

_____

你认为自己是一个共情能力强的人吗？如果是，你的共情能力是怎样被心理虐待的施虐者用来对付你的？ _____

_____

_____

_____

_____

有毒的环境甚至会导致很多有耐心的人产生不良行为。心理虐待的幸存者发现，他们的行为与正常人格状态下的行为不符，这种变化可能是提示环境不健康的一个信号。不幸的是，幸存者的变化也会助长恶意流言的传播，而这些流言是施虐者或施虐者团体散播出来的。

回想你对施虐者的行为，有哪些时刻你希望自己能与施虐者重归于好？请举出三个例子_____

_____

_____

_____

_____

你是如何原谅自己做出不符合自己观点的行为的？_____

_____

_____

_____

_____

什么样的思想或行为能帮助或帮助过你把"焦点"放在心理虐待的施虐者身上，而不是转移到自己身上？ _____

_____

_____

_____

_____

第一阶段——绝望（日志）

当幸存者第一次接受有关心理虐待的康复咨询时，很多人甚至不知道自己曾遭受过虐待。他们知道自己的生活失控了，所以他们想寻求答案。有些人还不了解施虐者对他们所做的一切。在咨询刚开始时，幸存者（往往）处于情感混乱、焦虑、抑郁或想要自杀的状态，有时甚至上述情况皆有。我们首先要做的是保证幸存者的生命安全，不让他们伤害自己。一旦确信了这一点，我们就要开始确定幸存者感受到的绝望究竟是怎样的。康复的第一阶段可能是人生中最可怕的时期。幸运的是，随之而来的几个阶段让希望的曙光开始闪耀。

在遭受心理虐待时，你曾想过伤害自己吗？（如果你现在有伤害自己的念头，请立即拨打急救电话或去最近的急诊室。）如果对上面这个问题你的回答是肯定的，那是什么阻止你伤害自己？ _____

_____

_____

_____

在绝望阶段，哪些技能或活动可以帮助或曾帮助你度过艰难的时

刻？请举出三种。_____

_____

_____

_____

_____

你现在或曾经因为遭受过心理虐待而责怪过自己吗？_____

_____

_____

_____

_____

你的"我不能再这样继续下去了"时刻是什么？如果你与施虐者的关系还没有达到过那一刻，什么能帮助你做好准备以改变你与施虐者的关系？_____

_____

_____

_____

_____

第二阶段——学习（日志）

心理虐待确实十分隐蔽，所以也常常被误解。然而，这恰恰是施虐者所使用的策略的一部分，他们利用这一点维持虐待的隐蔽性并确保自己的控制力。如果受害者无法向他人描述自己所受到的伤害，康复也就无从谈起。学习和了解心理虐待的施虐者常用的虐待他人的方法就是康复的第二阶段的内容。刚踏上康复之旅的幸存者应该学习和了解下列术语与心理虐待的关系：

- 煤气灯操纵；

- 恶意宣传；

- 飞猴；

- 自恋攻击；

- 间歇性强化；

- 理想化、贬值和抛弃阶段。

当然，还有其他一些术语，但是对于康复的第二阶段来说，这些术语已经足够了。对那些寻求从心理虐待中康复的人来说，学习和了解这些术语是一个很好的开始。

请你用自己的话描述一下煤气灯操纵。_____

_____

_____

_____

_____

举一个具体的例子说明你经历过的施虐者使用煤气灯操纵策略的时刻。_____

_____

_____

_____

_____

_____

为什么煤气灯操纵对幸存者来说如此危险？_____

_____

_____

_____

_____

请你用自己的话描述一下恶意宣传。_____

_____

_____

举一个具体的例子说明你经历过的施虐者使用恶意宣传策略的时刻。

为什么遭受过恶意宣传的幸存者受到的情感伤害如此巨大？ _____

请你用自己的话描述一下飞猴。 _____

举一个具体的例子说明你经历过的施虐者使用飞猴策略的时刻。____

_____

_____

_____

当应对飞猴时，最令人沮丧的事情是什么？ _____

_____

_____

_____

请你用自己的话描述一下自恋攻击。 _____

_____

_____

_____

举一个具体的例子说明你经历过的施虐者使用自恋攻击策略的时刻。

_____

_____

_____

为什么有毒的人容易被冒犯？ _____

_____

　　请你用自己的话描述一下间歇性强化。

　　举一个具体的例子说明你经历过的施虐者使用间歇性强化策略的时刻。

　　是什么让悠悠球一样的间歇性强化令人如此痛苦?

　　请你用自己的话描述一下理想化阶段。

_____

_____

_____

_____

举一个具体的例子说明你在与施虐者交往过程中经历的理想化阶段。

_____

_____

_____

_____

_____

对于理想化阶段你最怀念的是什么？_____

_____

_____

_____

_____

请你用自己的话描述一下贬值阶段。_____

_____

_____

_____

_____

举一个具体的例子说明你在与施虐者交往过程中经历的贬值阶段。___

_____

_____

_____

_____

你还记得你们的关系开始进入贬值阶段的确切时刻或原因吗? _____

_____

_____

_____

_____

请你用自己的话描述一下抛弃阶段。_____

_____

_____

_____

_____

举一个具体的例子说明你在与施虐者交往过程中经历的抛弃阶段。

_____

_____

_____

_____

抛弃是怎样发生的？是你被迫抛弃施虐者，还是施虐者抛弃了你？如果你曾经尝试过脱离接触，你是什么时候决定你们的关系必须发生改变的？

第三阶段——清醒（日志）

当幸存者确认他们的绝望是由于遭受心理虐待（第一阶段），并且学习了施虐者伤害他们的特定方式（第二阶段），清醒的时刻就会到来（第三阶段）。这是整个康复阶段的重点，其中有许多"啊哈"的顿悟时刻出现。幸存者已经可以描述他们经历了什么，学会了新的术语，并且不再感觉自己被困在虐待关系中。在这一阶段，幸存者可能会感觉自己拥有了可以走完康复之旅的力量。然而，就像生活一样，有好日子也有坏日子。常见的情况是，幸存者可能会倒退至绝望阶段，然后再回到清醒阶段，这是正常现象。这是从心理虐待中完全康复并重新建构新生活的必经过程。

描述你在清醒阶段重要的顿悟时刻。＿＿＿＿＿＿＿＿＿＿＿＿

＿＿＿＿＿＿＿＿＿＿＿＿＿＿＿＿＿＿＿＿＿＿＿＿＿＿＿＿＿＿＿＿

＿＿＿＿＿＿＿＿＿＿＿＿＿＿＿＿＿＿＿＿＿＿＿＿＿＿＿＿＿＿＿＿

＿＿＿＿＿＿＿＿＿＿＿＿＿＿＿＿＿＿＿＿＿＿＿＿＿＿＿＿＿＿＿＿

幸存者经常在某种情况下重复发出这样的宣言："他怎么敢这样对

我"。在清醒阶段，你现在或曾经是否有不断重复的宣言？ _____

_____

_____

_____

你认为第三阶段是充满希望的或令人悲伤的，还是两者皆有？ _____

_____

_____

_____

_____

作为一名心理虐待的幸存者，你曾经联系过其他幸存者吗？或者你曾经感到自己是孤单的吗？ _____

_____

_____

_____

_____

第四阶段——界限（日志）

当一个心理虐待的幸存者识别了自己的绝望（第一阶段），学习了关于心理虐待的一些特征（第二阶段），现在他或她已清醒且有了康复的可能（第三阶段），下一个阶段就是设立界限。这是幸存者选择脱离接触或断绝往来的时刻。这一阶段的重点是，幸存者能够与施虐者拉开足够的情感距离，斩断病态的联结，排除"毒素"，并开始期待自己的康复和新生。设立界限是由幸存者推动的，并且必须要幸存者遵守才能完成。有时，幸存者会放弃对施虐者设立界限，因为设立健康的界限可能意味着关系的终结。对一些幸存者来说，在这个阶段陷入困境很常见。

你现在正在接受心理咨询吗，或者你愿意尝试找一个"懂专业"的治疗师来帮忙吗？如果不愿意，请分享原因。_____

_____

_____

_____

如果有不止一个施虐者，你会选择脱离接触还是断绝往来，或者两

者结合起来使用？ _____

_____

_____

_____

_____

　　哪一个界限是或曾经是你觉得最难设立和维护的？是什么让它变得如此困难？ _____

_____

_____

_____

_____

　　当你想要与心理虐待的施虐者划清界限时，哪些想法可能会阻碍你？请举出三种。 _____

_____

_____

_____

_____

　　例如：

　　● 你会孤独终老；

　　● 这份工作是你达到职业生涯目标的唯一选择；

● 你的家人会永远在陪伴你，但你的朋友总是来了又走。

当你考虑设立界限的时候，你是否曾觉得自己过于敏感或反应过度？

_____

_____

_____

_____

脱离接触远不仅指幸存者限制自己与施虐者接触的时间，更是指幸存者内心的一种姿态。此时，幸存者与施虐者之间仍然有互动，但在互动的语言和氛围上已经与揭露和理解这种虐待事件之前截然不同。

请你用自己的话描述一下脱离接触。_____

_____

_____

_____

_____

脱离接触何时会成为幸存者最好的选择或唯一的选择？_____

_____

_____

_____

_____

你认为保持与施虐者脱离接触，面临的最大挑战是什么？ _____

_____

_____

_____

_____

你是否相信幸存者可以在过着真正从心理虐待中康复的生活的同时，仍然与"有毒的人"保持联系？ _____

_____

_____

_____

_____

在某些情况下，对一些幸存者来说，切断与心理虐待的施虐者的所有联系是最好的选择。虽然选择这条道路必然会面临一系列的挑战，可要想彻底清除毒素，让一切尘埃落定，断绝往来是最好的方式。

请你用自己的话描述一下断绝往来。 _____

_____

_____

_____

_____

断绝往来何时会成为幸存者最好的选择或唯一的选择？ _____

_____

_____

_____

你认为与心理虐待的施虐者断绝往来，面临的最大挑战是什么？ ____

_____

_____

_____

你认为哪种选择需要最前沿的康复知识和应对技巧，脱离接触还是断绝往来，为什么？ _____

_____

_____

_____

第五阶段——恢复（日志）

当一个心理虐待的幸存者识别了自己的绝望（第一阶段），学习了关于心理虐待的一些特征（第二阶段），现在他或她已经清醒了且有了康复的可能（第三阶段），并且已经设立了界限（第四阶段），下一个阶段就是恢复正常生活，找回在遭受虐待时被偷走的重要生活事件、稳定的经济状况、健康的身体和心灵，以及其他重要的东西。这是一个令人鼓舞的阶段，幸存者开始切实地看到他们的康复之旅的成果。恢复所需的时间可能比幸存者预期的要更加漫长，所以，在康复的过程中，保持耐心至关重要。如果幸存者没有足够的耐心，就会很容易感到灰心丧气。

幸存者进入第五阶段——恢复的第一个迹象是，他们希望把空闲时间花在与康复无关的活动上。幸存者描述道，当进入这个阶段时，他们关于自我发现的新知识已经非常丰富。此时，通常他们希望远离在线论坛及其他关于自恋者、反社会者和精神病态者的相关资料。幸存者不需要为了多一点时间进行康复治疗就拒绝自己有好感的人或远离让自己愉悦的事。实际上，幸存者把时间花在自己感兴趣的事上是逐渐回归正常的一个积极信号。对于从童年时期就遭受心理虐待的幸存者而言，这种情况在其人生中甚至可能是第一次出现。在这个阶段，幸存者会被新的爱好和丰富多彩的生活方式吸引。这种好奇和渴望是美妙的，可以作为幸存者开启新的冒险活动的催化剂。

你是怎么知道或在什么情况下知道自己已经到达了第五阶段——恢复？

_____

_____

_____

_____

请你描述一个假日、假期或纪念日被施虐者破坏的例子。_____

_____

_____

_____

_____

你可以采取什么样的行动享受下一个假日、假期或纪念日？_____

_____

_____

_____

_____

施虐者是如何通过非常严格的支出规定或过度消费给你的财务制造混乱的？_____

_____

_____

_____

_____

为了从财务混乱中恢复正常，你可以采取哪些行动？ _____

_____

_____

_____

你的身体健康是如何受到心理虐待的影响的？ _____

_____

_____

_____

为了使身体恢复健康，你可以采取哪些行动？ _____

_____

_____

_____

你的情绪健康是怎样受到施虐者的影响的？ _____

_____

_____

_____

_____

哪种方法能让你意识到自己的情绪正在恢复健康？ _____

_____

_____

_____

请你举一个在遭受虐待期间被毁坏或夺走的特定物品。_____

_____

_____

_____

您可能无法找到能替换那样特定的东西的物品，但你可以采取哪些行动帮助自己重新找回失去的东西？请列举出三项。（例如，如果你心爱的一幅画被毁了，再找一幅能和你的内心对话的艺术品并买下它。）_____

_____

_____

_____

_____

第六阶段——维持（日志）

当一个心理虐待的幸存者识别了自己的绝望（第一阶段），学习了关于心理虐待的一些特征（第二阶段），现在他或她已经清醒且有了康复的可能（第三阶段），与施虐者设立了界限（第四阶段），而且找回了在遭受虐待期间被损坏的东西（第五阶段），那么从心理虐待中康复的最后一个阶段就是维持。这是第六阶段，也是最后一个阶段。在这个阶段，幸存者往往愿意退回到早期阶段，经历更深层次的治疗。维持阶段还包括幸存者能够体验健康的人际关系，比之前更快地识别出"有毒的人"。维持是指幸存者彻底过上康复后的生活，并且有自信和相应的技能保护自己以后再也不会受到心理虐待。

欢迎，我的朋友，你已经来到了康复之旅的最后一个阶段！但这是否意味着你将永远不会再与创伤后应激障碍的症状做斗争，永远不会再想起施虐者，永远唱着欢快的歌跑过山顶？当然不是。你已经到达了足够高的地方，所以请放缓脚步，欣赏一下周围的风景，这里的空气更清新，你的感官也更敏锐。这是心理虐待康复之旅的关键，请你让自己全身心地投入，过"干净"的生活。当你走完了康复之旅，开始努力为寻求平静而奋斗，你就不太可能再回到那种绝望的深渊。我曾看过一句谚语：当我们知道了如何快乐，就不会容忍和一个让我们不快乐的人在一起。确实如此。

康复之旅的第六阶段——维持与你想象的有何不同？_____

_____

_____

_____

_____

到目前为止，你在康复过程中遇到的最困难的部分是什么？_____

_____

_____

_____

_____

请分享一个你在别人身上看到"红色警报"并快速设立界限的例子。

_____

_____

_____

_____

到目前为止，你的康复之旅中遇到的最美好的部分是什么？_____

_____

_____

_____

_____

如果让你给刚进入康复之旅的幸存者提一个建议，你会给出什么
建议？ _____

_____

_____

_____

到达了这个巨大的个人成长的里程碑，你将如何奖励自己？ _____

_____

_____

_____

一个人可以接近你，是你给予他或她的一份礼物。给你打电话、发
短信、发电子邮件、到你家做客、分享你生活中的私人空间，所有这些
权利都需要他或她努力争取，而非轻易就能得到。至少应该这样，你可
以根据自己的需要做出选择。

请列出三个通过健康的情感获得了接近你的权利的人。_____

_____

请列出三个不能接近你的人。

当我们一起共度的康复之旅即将结束时，下面我为你提供了一个很棒的日志练习，即问自己一个问题："对我来说，高质量的生活是什么样子？"这个问题不是关于别人认为你的生活应该是什么样子，或者你试图学习别人的生活方式。这是一个非常私人和个性化的问题。通常情况下，人们会以一种从过去的经历中获得救赎的方式生活。

对我来说，高质量的生活包括

谢谢你花时间写康复日志。我相信，当我们能花时间静下心来进行反思时，我们就能更多地了解自己。

致 谢

　　我的来访者们，对我来说，你们是如此重要，如此贴近我的心。我期盼着每天都能见到你们。当我们在一起时，经常会高声欢笑，也会在强烈的痛苦袭来时温柔地沉默。你们给予我的太多太多，而且你们的确让我的生活变得更美好。感谢你们在自己的生命历程中给我留有一席之地。

　　有一些作者在我进行自我疗愈的过程中帮助了我，并在我的治疗师职业生涯中激励了我，他们是苏珊·弗朗德（Susan Forward）博士、莱斯利·韦尔尼克博士和莱斯·卡特博士。

　　还有杰克森·麦肯锡，《如何不喜欢一个人》一书的作者。他的这本书促使我更多地了解心理虐待及其对幸存者的影响：你回答了一个我甚至不知道我需要去寻求答案的问题，感谢你一直以来的鼓励，也感谢你对完善我的这本书所做的工作。金·路易斯（Kim Luis）及整个Psychopath Free 团队，我非常感谢你们。我对你们所有人致以最崇高的敬意。你们是宝石，承受了痛苦，却将痛苦转化为真正美丽的宝石。

所有心理虐待康复社区的支持者，你们及你们的追随者一起分享我的工作。你们的支持是我每天的动力和源泉。感谢你们对所管理的博客和社交媒体所做出的贡献。只有同行才知道维持一个在线康复社区需要投入多少时间和精力。感谢你们为幸存者创立并维持这样一个康复场所。莉莉·霍普·卢卡里奥（Lilly Hope Lucario），你是一个杰出的榜样，你告诉了大家一个坚强的幸存者所能达到的成就。你为教育他人而做的倡导性工作令人钦佩。我要特别感谢沙希达·阿拉比，感谢你给予我的支持，我们一起向人们传播了治愈和希望的信息。

感谢得克萨斯基督教大学机构审查委员会成员阿沙·约翰博士、林恩·杰克逊（Lynn Jackson）博士及该校社会工作部门对我们的 2016 年的研究项目"研究心理虐待的模式"的支持。

卡西·乔伊（Cassi Choi）是一个非常好的朋友和出色的编辑，我非常感谢你的付出。你还花了很多时间帮我理清我的思路，使它们能跃然纸上。我感谢你在让我努力地理解语法规则时所表现出的耐心，以及在我故意违反其中一些规则时所给予的支持和鼓励。

我的企业家榜样、智囊团成员、准董事会成员：劳伦·米德利（Lauren Midgley），温迪·克努森（Wendy Knutson）以及妮可·史密斯（Nicole Smith）。当我回想是哪些人帮助我成为一名企业家和成熟女性时，我首先想到的就是你们三位杰出的女士。没有你们的智慧和直接的付出，这个项目就不可能完成。有时候，你们向我发起挑战的方式会让我觉得不舒服，但这样的伙伴正是每一位企业家都需要的良师益友。

我最好的朋友和知己，朗达·林德利（Rhonda Lindley）。在我的生命中，你治愈了我灵魂深处的创伤。因为有你，在这个世界上我不会感到孤苦伶仃。你纯洁的灵魂、你的诙谐幽默和活泼，像清泉一般滋润了我干涸的心灵。

我的幽默而温柔的丈夫，你的幽默风趣让我每天都很快乐。你比任何人都更明白我的康复之路有多漫长。你知道与一个在童年时期经历过心理虐待创伤的幸存者结婚需要经历怎样的混乱，以及在成功治愈后她会得到怎样的完满。我无法用言语表达对你的感激之情，你给予我无止境的耐心和鼓励，从未想过要折断我想飞翔的翅膀。在我们的婚姻中，你甚至曾经目睹了我变成另外一个人。你是其他男性的榜样，一个希望自己的妻子成长、改变和变得更好且没有受到她新发现的内在力量和独立精神所威胁的男性。我永远感激，我们选择了彼此作为一起攀登人生高峰的另一半。

我挚爱的儿子，娃娃脸。我知道你并非真的是一个小婴儿，但你永远都是我的宝贝。你是我的灵感之源。你内心的力量和超越年龄的成熟使我深深地佩服你。谢谢你对我的充满智慧的鼓励，这正是我在写作过程中所需要的动力。你有着丰富的内心故事可以和全世界分享，我迫不及待地希望有一天能为实现这件事情做出贡献。你的人生故事需要讲述出来，让大家看到爱可以治愈心理创伤。

版权声明